Shahzada Adnan
Ghulam Rasul

Classificação agro-climática do Paquistão

Shahzada Adnan
Ghulam Rasul

Classificação agro-climática do Paquistão

ScienciaScripts

Imprint

Any brand names and product names mentioned in this book are subject to trademark, brand or patent protection and are trademarks or registered trademarks of their respective holders. The use of brand names, product names, common names, trade names, product descriptions etc. even without a particular marking in this work is in no way to be construed to mean that such names may be regarded as unrestricted in respect of trademark and brand protection legislation and could thus be used by anyone.

Cover image: www.ingimage.com

This book is a translation from the original published under ISBN 978-620-2-05669-4.

Publisher:
Sciencia Scripts
is a trademark of
Dodo Books Indian Ocean Ltd. and OmniScriptum S.R.L publishing group

120 High Road, East Finchley, London, N2 9ED, United Kingdom
Str. Armeneasca 28/1, office 1, Chisinau MD-2012, Republic of Moldova, Europe
Printed at: see last page
ISBN: 978-620-7-98163-2

Índice:

Resumo

A zonação do clima proporciona um melhor conhecimento à comunidade agrícola para cultivar as suas culturas de acordo com o potencial agro-climático de diferentes regiões para obter o máximo de colheitas. A necessidade de tal estudo torna-se mais pertinente quando as incertezas relacionadas com a variabilidade e as alterações climáticas dominam os padrões meteorológicos normais. Esta investigação dá-nos uma melhor visão das áreas onde as culturas sazonais podem ser semeadas em condições de sequeiro. Ajuda a obter uma melhor imagem para investigar a seca na agricultura, que não é persistente durante todo o ano.

Utilizando a evapotranspiração da cultura de referência (ET_o) em vez da evapotranspiração potencial (PET), foi calculado o índice de humidade (rácio entre o excedente ou o défice de água e a evapotranspiração da cultura de referência), que ajuda a identificar as caraterísticas do clima do Paquistão (entre extremamente árido e muito húmido). Foi desenvolvido um indicador de humidade originalmente relacionado com o balanço hídrico, que caracteriza diferentes regiões, em relação à humidade disponível para a produção de culturas. Foram identificadas oito zonas climáticas, com base nos padrões sazonais de precipitação, evapotranspiração relativa, índices de aridez e caraterísticas geográficas. Foi identificado que cerca de dois terços da área total do Paquistão se situa em clima árido, cinquenta por cento do qual é extremamente árido, onde a precipitação total anual é insignificante em comparação com a perda de humidade através da evapotranspiração. A maior parte das regiões meridionais e do extremo norte do país apresenta condições áridas a extremamente áridas.

As necessidades hídricas das culturas do Paquistão são calculadas numa base anual e sazonal. Foram introduzidas quatro zonas, da húmida à seca. O resultado mostra que a maior parte da metade sul está sob clima árido, onde a produção de culturas não é possível sem irrigação (seco), enquanto na metade norte do país, na maioria dos locais, as culturas sazonais podem ser cultivadas com irrigação suplementar (moderadamente seco). Apenas as regiões sub-montanhosas (32°N a 35°N) têm um clima sub-húmido a húmido, onde as necessidades de água para as culturas sazonais são satisfatórias e as culturas podem ser cultivadas com sucesso em condições de sequeiro (húmido a húmido). Devido às extensas planícies de elevação, alguns vales nas cadeias montanhosas do norte também registam um clima árido. A estação Rabi (outubro a abril) começa normalmente nos meses mais secos de outubro e novembro. A metade norte do país recebe fortes chuvas durante a monção (julho-setembro), que não só satisfazem as necessidades hídricas da estação *Kharif* como também proporcionam melhores condições de humidade do solo para a sementeira das culturas *Rabi*. Por conseguinte, a procura inicial (novembro) de água foi satisfeita através da humidade do solo conservada após a monção. Posteriormente, as chuvas também satisfazem as necessidades hídricas das culturas até à maturidade da cera (fase reprodutiva das culturas *Rabi*). Após esta fase, as condições climatéricas quentes e secas são o pré-requisito para atingir uma maturidade rápida. As chuvas de inverno também se revelam muito úteis para as culturas *Rabi* quando estas se encontram na fase de floração na maior parte das zonas de sequeiro. Estas chuvas satisfazem as necessidades hídricas das culturas. A estação *Kharif* (maio-setembro) começa com os meses mais quentes do ano (maio e junho), em que as condições de humidade não são satisfatórias em quase todo o país. No entanto, devido a alguns aguaceiros precoces e, posteriormente, ao período das monções (julho a setembro), estas provam ser muito úteis para satisfazer as necessidades hídricas das culturas *da Kharif* no país. A análise mostra que pode ser cultivada uma área dez a quinze por cento maior na estação *Kharif* do que na *Rabi*.

O método de Blaney-Criddle foi utilizado para estimar a evapotranspiração de referência da cultura (ET_0). As necessidades hídricas das culturas e o índice de humidade são calculados utilizando a ET_0. Dois conjuntos de normais climáticas (precipitação, temperatura média, humidade relativa, horas de sol relativas e velocidade do vento) com base em 1961-90 e 1971-2000, cada um dos 30 anos recomendados pela OMM, foram utilizados no cálculo para medir as alterações climáticas nas zonas agroclimáticas.

O aquecimento global tem um sério impacto nas condições climáticas do Paquistão. O impacto foi bem marcado nos regimes de humidade e térmicos, o que resultou em desvios nas zonas agro-climáticas. Depois de comparar as normais climáticas, observou-se que em algumas partes do sul do país as condições de humidade se tornaram favoráveis à agricultura. Quase 10% da área extremamente árida do total da área árida do Paquistão converteu-se em árida, onde as culturas *Rabi* podem ser cultivadas sob irrigação, enquanto a maioria das áreas húmidas está a tornar-se mais húmida. As condições de humidade e as necessidades de água só são adequadas nas regiões sub-montanhosas, onde as culturas de ambas as estações podem ser semeadas em condições de sequeiro. Com base nesses dados, observa-se uma escassa alteração positiva em termos de humidade para a agricultura em algumas zonas do sul do Paquistão, especialmente nas regiões superiores do Baluchistão, enquanto se observa uma diminuição em algumas zonas de Sindh e no sul do Baluchistão. A comparação entre as normais de longo prazo mostra também que a tendência do índice de humidade está a avançar e a aumentar gradualmente em direção ao sul do país.

CAPÍTULO-1

Introdução

1.1: Descrição geográfica do Paquistão

O Paquistão está localizado na região do Sul da Ásia, que se sobrepõe ao Grande Médio Oriente, como mostra a Fig.1.1. Situa-se entre 24°N - 37°N de latitude e 61°E-76°E de longitude, compreendendo planícies agrícolas desde o nível do mar até zonas de alta montanha. O Paquistão cobre 7.96.096 quilómetros quadrados. O Afeganistão situa-se no noroeste do Paquistão, partilhando fronteiras terrestres de 2 640 quilómetros, a China a nordeste 523 quilómetros, a Índia a leste 2 912 quilómetros, o Irão a sudoeste 909 quilómetros e o Mar Arábico a sul 1 046 quilómetros. As zonas de alta montanha situam-se entre 35° N e 37° N. Compreende algumas cadeias montanhosas populares dos Himalaias, Hindukush e Karakoram, que incluem alguns picos mundialmente famosos, como o Gasherbrum-2 (K-2) e o Nanga-Parbat, etc., com mais de 7000 metros de altura e cobertos de neve. O Paquistão é o único local onde estas três grandes cadeias montanhosas se encontram. Os grandes e longos glaciares também se situam nesta zona. O derretimento da neve destas áreas mantém o rio a correr durante todo o ano. O grande Indo emerge das montanhas e irriga as principais planícies do país, conhecidas como o vale do Indo. Para além das montanhas do norte, existem planaltos ocidentais separados pelo rio Cabul da zona montanhosa do norte. É constituída por uma série de colinas secas e baixas. A metade oriental do país é maioritariamente dominada pelas planícies aluviais do rio Indo e dos seus afluentes, nomeadamente os rios Jhelum, Chenab, Ravi e Sutlej.

As grandes cadeias montanhosas dos Himalaias, o Karakoram e o Hindukush formam as terras altas do norte do Paquistão, na Província da Fronteira Noroeste e na Zona Norte. A província do Punjab é uma planície aluvial plana, com cinco grandes rios que dominam a região superior e que acabam por se juntar ao rio Indo, que corre para sul até ao Mar Arábico. O Indo é o maior sistema de drenagem do Paquistão, com origem nas montanhas do norte. Sindh é delimitada a leste pelo deserto de Thar e pelo Rann de Kutch e a oeste pela cordilheira de Kirthar. A planície do Baluchistão é um planalto árido rodeado de montanhas secas. A paisagem acima descrita divide o Paquistão em cinco grandes regiões, nomeadamente

- As regiões setentrionais de alta montanha
- As regiões sub-montanhosas, incluindo o planalto de Potohar.
- Regiões montanhosas baixas ocidentais
- O planalto do Baluchistão
- As planícies férteis de Punjab e Sindh.

O mapa do Paquistão que mostra as caraterísticas geomorfológicas gerais é apresentado na figura 1.1

Fig 1.1 Mapa do Paquistão
Fonte : http://www.pakistan.gov.pk/ministries/planningaddevelopment-ministry/

1.2: Âmbito do estudo

O Paquistão dispõe de uma vasta e rica base de recursos agrícolas, que abrange várias zonas ecológicas e climáticas e tem um grande potencial para produzir todos os tipos de alimentos e fibras. A importância da agricultura para a economia é vista de três formas: (i) fornece alimentos aos consumidores e fibras para a indústria nacional; (ii) é fonte de divisas; e (iii) fornece um mercado para as exportações de produtos agrícolas. O Paquistão é um país com uma topografia diversificada e um clima extremamente variável. As suas planícies agrícolas estão situadas a altitudes variáveis, que vão desde poucos metros acima do nível médio das águas do mar no sul até mais de 3000 metros no norte. As altas cadeias montanhosas nas partes norte e oeste do país aumentam a atividade de precipitação a barlavento, ao passo que a sotavento deixa a região árida, dependendo da estação do ano. É por esta razão que se podem encontrar várias faixas estreitas com caraterísticas climáticas semelhantes nas planícies agrícolas do norte, que vão de uma região muito húmida a uma região extremamente árida.

A maior parte das áreas do centro e do sul do Paquistão são altamente áridas, enquanto a parte norte do país é húmida, com exceção das montanhas do extremo norte, que são relativamente secas. As regiões montanhosas com colinas sub-montanhosas no norte e nordeste registam este tipo de clima, com semelhanças com o clima temperado, enquanto algumas zonas do sul registam um clima árido e semi-árido com baixa precipitação e temperaturas elevadas. As montanhas do Nordeste e as planícies sub-montanhosas recebem mais de 1700 mm de precipitação anual, dos quais a maior parte (mais de 1000 mm) provém das monções. Por outro lado, as planícies de baixa altitude extremamente áridas do sudoeste do Baluchistão acumulam apenas 30 mm de precipitação em média durante todo o ano. Em geral, existem quatro estações nas regiões de monção do Sul da Ásia (Paquistão), que podem ser designadas climatologicamente como

- inverno:	dezembro - março
- Pré-Monção:	abril-junho
- Monção:	julho - setembro
- Pós-Monção:	outubro-novembro

A área cultivável do Paquistão é de 31,28Mha (39,3 por cento da área total), dos quais A área de 22,13Mha está a ser cultivada e os restantes 9,15Mha estão a ser utilizados como pastagens de baixo potencial. Uma área de apenas 3,81Mha (4,8 por cento da área terrestre total) está coberta por florestas (GoP, 2004). Cerca de 28% da área total do país está atualmente a ser cultivada, dos quais 80% são irrigados, suportando 90% da produção agrícola. 17% da área cultivada é de sequeiro e depende da precipitação para a produção agrícola. As zonas de sequeiro estão concentradas no planalto de Potohar, nas montanhas do norte e nas planícies do nordeste do país, formando o maior bloco contíguo de agricultura de sequeiro no Paquistão (GoP, 2006).

Devido às recentes variações climáticas, a zona árida do país enfrenta uma grave escassez de água que tem afetado tremendamente a vida humana, a ecologia e as actividades económicas. Assim, compreender a natureza e a intensidade das variações climáticas no Paquistão e os possíveis impactos nos vários sectores é da maior importância do ponto de vista nacional e regional. O aumento da população tem constituído um sério desafio para satisfazer as necessidades alimentares com recursos limitados de terra e água, especialmente na era do aquecimento global. Prevê-se que as alterações climáticas ameacem o potencial agroclimático dos solos, o que, em última análise, afectaria a segurança alimentar. A classificação agro-climática e a deslocação das zonas climáticas em função das alterações climáticas forneceriam orientações aos cientistas agrícolas e aos decisores políticos para enfrentarem os desafios futuros.

1.3: Objetivo do estudo

Ao dividir uma região ou um mundo em vários tipos climáticos, as fronteiras aparecem como delineações nítidas, quando na realidade existe uma transição gradual no clima em ambos os lados. Para que uma classificação climática geral seja realista, as fronteiras devem, pelo menos, confirmar a distribuição conhecida das plantas (Willsie e Shaw, 1954). Good (1953) afirma que os factos da geografia vegetal mostram que a distribuição das plantas depende basicamente do clima. A classificação climática determina o potencial de produção de culturas de uma área, bem como o potencial de adoção de diferentes espécies de animais e plantas de outras áreas. Os objectivos da classificação climática são;

- Explorar as regiões, numa base mensal e sazonal, onde a seca agrícola prevalece e como a atividade agrícola pode prosseguir.
- Identificar as zonas mais ou menos isentas de risco de fracasso das culturas, úteis para a seleção de variedades de culturas e capazes de produzir um rendimento elevado.
- Identificar as caraterísticas do clima que distinguem uma região de uma região vizinha.
- Fornecer um melhor conhecimento à comunidade agrícola para cultivar as suas culturas de acordo com o potencial agro-climático de diferentes regiões para obter o máximo de

colheitas.

- Analisar as áreas onde as culturas podem ser cultivadas em condições de sequeiro e onde é necessária uma irrigação suplementar ou adequada.
- Calcular as necessidades de água numa base sazonal e anual.
- Analisar o deslocamento (avanço) do regime de humidade em relação às condições médias.

O estudo apresenta uma descrição global do índice climatológico de humidade (relação entre o défice ou excedente hídrico e a evapotranspiração da cultura de referência). A maior parte do Paquistão é árida, exceto algumas zonas das terras altas e montanhas do norte, onde os regimes de monção e pós-monção são dominantes. A orografia também desempenha um papel importante na produção de precipitação adequada nesta área. As montanhas do extremo norte são secas. Além disso, a distribuição da precipitação tem um carácter sazonal diversificado. Este estudo também ajudará a analisar a seca na agricultura, que não é consistente na maior parte do país, uma vez que os padrões de precipitação variam na maior parte do ano. Esta investigação permite-nos ter uma melhor visão das áreas que são adequadas para culturas sazonais quando semeadas em condições de sequeiro. Foram identificadas oito zonas climáticas com base nos padrões sazonais de precipitação, evapotranspiração relativa, índices de aridez e caraterísticas geográficas. Existem áreas amplas com homogeneidade climática, sendo esta classificação útil para estudar as povoações humanas, os animais e as respectivas espécies vegetais.

1.4: Clima

O clima é a média do tempo durante um longo período de tempo. Um ditado descritivo diz que "o clima é o que se espera e o tempo é o que se tem". É o padrão de tempo a longo prazo que caracteriza uma região. De acordo com a norma da Organização Meteorológica Mundial (OMM), é a média do tempo, geralmente tomada ao longo de um período de 30 anos, para uma determinada região e período de tempo. O clima é o padrão médio do tempo para uma determinada região. O tempo descreve o estado da atmosfera a curto prazo. Os elementos climáticos, incluindo a precipitação, a temperatura, a humidade, a insolação, a velocidade do vento e outros, são as medidas do tempo. O Painel Intergovernamental sobre as Alterações Climáticas (IPCC) define o clima e o tempo como; os limites exactos do clima e do tempo não estão bem definidos e dependem da aplicação. Por exemplo, nalguns sentidos, um evento El Nino individual pode ser considerado clima, noutros, como tempo. O clima é controlado pelos seguintes factores: latitude (radiação solar recebida), distribuição das massas de terra e de água, altitude e topografia, localização da área em relação às correntes oceânicas. A Terra tem três zonas climáticas: Polar, Temperado e Tropical. As zonas climáticas são ainda classificadas em ecossistemas e biomas.

O clima do território paquistanês pode ser dividido em alguns grupos, tais como extremamente árido, árido, semi-árido, sub-húmido e húmido, numa escala alargada que vai do extremo mais seco ao mais húmido. Na zona árida, a produção de culturas alimentares é antieconómica em condições de sequeiro, ao passo que as chuvas frequentes e intensas numa zona húmida expõem a agricultura de sequeiro a um grande risco. Entre estes dois extremos, o clima pode ser concebido em zonas mais ou menos livres de riscos de fracasso das culturas. A necessidade de água em todo o país não é uniforme, uma vez que a parte sul e as regiões do extremo norte do país permanecem secas, pelo que as culturas sazonais não podem ser semeadas em condições de sequeiro. No entanto, a área situada nas regiões sub-montanhosas tem condições favoráveis para as culturas *Rabi* e *kharif*.

A variabilidade e as alterações climáticas influenciam profundamente os ambientes sociais e naturais em todo o mundo, com consequentes impactos nos recursos naturais e na indústria que podem ser grandes e de grande alcance. Por exemplo, as flutuações climáticas sazonais a interanuais afectam fortemente o êxito da agricultura, a abundância de recursos hídricos e a procura de energia, enquanto as alterações climáticas a longo prazo podem alterar a produtividade agrícola, os ecossistemas terrestres e marinhos e os recursos que estes ecossistemas fornecem.

[st]Todos os modelos climáticos utilizados no mais recente projeto de avaliação do IPCC indicam que as temperaturas médias globais continuarão a aumentar no século XXI e serão acompanhadas por outras alterações ambientais importantes, como a subida do nível do mar, embora as magnitudes das alterações projectadas variem significativamente, dependendo dos modelos específicos e dos cenários de emissões (IPCC, 2005).

1.5: Factores que afectam o clima de uma região

A climatologia fornece informações sobre o tempo previsto para um local. As seguintes categorias são importantes para determinar a climatologia à escala sinóptica:

* Altitude
* Latitude
* Proximidade de uma massa oceânica
* Topografia
* Vento dominante
* Posição relativa aos máximos e mínimos sazonais.

Os locais de maior altitude tendem a ter um nível de congelação mais baixo. Este facto pode aumentar a probabilidade de a neve e o granizo atingirem a superfície. A latitude determina a quantidade de energia térmica do sol disponível para uma região. As latitudes mais baixas têm dias médios mais longos e ângulos solares mais elevados. Para locais com altitudes semelhantes, a latitude é o controlo mais importante do regime de temperatura global. Se a altitude e a latitude forem fornecidas, pode estimar-se uma boa ideia da climatologia do local com base apenas nestes dois valores. As localizações próximas de um corpo oceânico têm um clima mais moderado do que as localizações sem terra. Perto de um corpo oceânico, as temperaturas máximas tendem a ser mais frias e as mínimas tendem a ser mais altas do que num local equivalente sem terra. Também perto de um corpo oceânico, as temperaturas de verão tendem a ser mais frescas e as temperaturas de inverno tendem a ser mais quentes do que num local equivalente sem terra. A topografia (elevações inclinadas e montanhas) pode influenciar a quantidade de precipitação que um local recebe. O lado de barlavento das regiões topográficas tem maior precipitação (especialmente se estiver perto de uma fonte de humidade) e as regiões de sotavento têm menos precipitação. O vento predominante (definido como a direção do vento mais comum num local) determina a quantidade de humidade e a advecção térmica que um local receberá. Se os ventos são normalmente do sul, espera-se um clima quente (Hemisfério Norte). Se os ventos são normalmente do norte, espera-se um clima frio (Hemisfério Norte). Um vento predominante de uma região seca não irá suportar muita precipitação. Os cinturões primários de alta e baixa pressão ajudam a impulsionar a circulação oceânica. As costas ocidentais dos continentes tendem a ter temperaturas mais frias (devido a uma corrente oceânica do pólo para o equador), enquanto as costas orientais dos continentes tendem a ter temperaturas mais quentes (devido a uma corrente oceânica do equador para o pólo). As regiões semi-permanentes altas e baixas influenciam fortemente a climatologia. Exemplos disso são a Alta das Bermudas-Açores e a Baixa das Aleutas. Estas cinturas de pressão determinam a circulação oceânica e os ventos dominantes.

1.6: Principais sistemas meteorológicos no Paquistão

O Paquistão tem vários tipos de topografia e diferentes sistemas de produção meteorológica. Os principais sistemas meteorológicos relativos à produção meteorológica são os seguintes

1.   Perturbações ocidentais
2.   Monção de verão
3.   Precipitação Orográfica
4.   Precipitação convectiva

1.6.1: Perturbações ocidentais

Estão associadas a ondas planetárias sempre existentes à volta do globo. As perturbações desencadeiam a caraterística oscilatória destas ondas devido ao aquecimento diferencial da terra e da água. As calhas são mais afectadas do que as cristas quando atravessam o Oceano Atlântico. Este sistema meteorológico tem origem no Mar Mediterrâneo e traz efeitos do clima mediterrânico para o Paquistão. Este sistema produz precipitação no inverno (dezembro a março). Estes sistemas têm caraterísticas frontais. A perturbação ocidental é, na realidade, uma zona de baixa pressão, a alta subtropical sobre o Oceano Atlântico, que se divide em duas células. Gera-se uma frente entre elas e uma ondulação que se desloca em direção ao Mar Mediterrâneo. A frente assim gerada muda de forma à medida que se desloca para leste. Enquanto se desloca para leste, o rasto das perturbações ocidentais e das suas perturbações secundárias atravessa o Paquistão, estendendo-se até à Índia nos meses de janeiro a abril e, ocasionalmente, durante os restantes meses do ano. Esta frente provoca precipitações de diferentes tipos nas zonas setentrionais do Paquistão, especialmente no Baluchistão. As zonas setentrionais do Paquistão estão rodeadas de colinas em três lados, pelo que as depressões ficam estagnadas e o tempo permanece inalterado durante dois ou três dias. Geralmente, seis a sete destas perturbações atravessam o Paquistão e os Himalaias ocidentais durante os meses de pico do inverno (dezembro - março) (Shamshad, 1998).

As cordilheiras dos Himalaias e do Hindukush, juntamente com o planalto tibetano a nordeste, desempenham um papel importante na modificação dos sistemas meteorológicos. As altas montanhas actuam como "bloqueio de alta altitude" ao movimento dos sistemas de baixa pressão provenientes de oeste. As perturbações ocidentais por vezes intensificam-se e por vezes abrandam o seu movimento na vizinhança dos Himalaias, provocando assim fortes nevões nas zonas montanhosas do norte da Índia. Nas regiões setentrionais do Paquistão, há uma grande nebulosidade, ventos fortes, condições de frio intenso e precipitação intensa, quando a humidade proveniente da Baía de Bengala e do Mar Arábico é vigorosa. Estas condições estão associadas a um sistema ocidental ativo que provoca inundações devastadoras nos rios Indo e Ganges e seus afluentes, causando grandes prejuízos à agricultura e às infra-estruturas. O período de precipitação é normalmente de dois a quatro dias. Se a depressão se aprofundar, pode também registar-se alguma precipitação nas regiões meridionais do país. As perturbações ocidentais têm um carácter periódico e estão sempre presentes ao longo do ano.

1.6.2: Monção de verão

Durante o verão, o clima é dominado por depressões de monção associadas à depressão de pressão à superfície que se desenvolve sobre o subcontinente numa orientação sudeste e noroeste, aproximadamente paralela aos Himalaias. A extremidade ocidental da depressão funde-se com a baixa térmica sobre o Balochistão. A extremidade oriental da calha sobre o norte da Baía de Bengala é o local de nascimento das depressões de monção, que se assemelham tanto a furacões como a ciclones subtropicais. O movimento das depressões de monção é variado, revelando uma grande imprevisibilidade. Depois de atravessar a parte central da Índia, a depressão geralmente enfraquece em intensidade devido ao corte do fornecimento de humidade. Desloca-se mais para oeste e noroeste e funde-se com a baixa sazonal sobre o Baluchistão. No entanto, cerca de uma vez em cada dez anos, uma depressão ainda ativa reaparece no norte e no nordeste, provocando chuvas fortes em Caxemira. A frequência das depressões varia consideravelmente. A monção cobre a maior parte do país em meados de julho e começa a recuar no início de setembro.

1.6.3:   Precipitação Orográfica

Para além destes dois grandes sistemas meteorológicos, as zonas setentrionais, a parte superior do Punjab, a parte superior do KP e as regiões de Caxemira também recebem precipitação orográfica. Quando uma massa de ar é forçada a elevar-se sobre uma cadeia de montanhas, ocorre a precipitação orográfica. Quando o ar se eleva ao longo da vertente ventosa da montanha, a temperatura tende a diminuir. Assim, o vapor de água na corrente de ar ascendente condensa-se e a chuva cai a barlavento da montanha. O ar que desce a sotavento contém menos humidade e torna-se mais quente devido à expansão adiabática, dando origem a uma sombra de chuva, onde há pouca ou nenhuma chuva. Nas zonas setentrionais, onde existem montanhas altas, a humidade fornecida pelo Mar Arábico chega a estas zonas e é levantada pelo vento ao longo destas montanhas, dando origem a precipitação suficiente.

1.6.4:   Precipitação convectiva

O aquecimento desigual da superfície terrestre provoca a convecção. A chuva convectiva ocorre quando a superfície da atmosfera fica aquecida ou mais quente do que o normal, o que, por sua vez, provoca a subida do ar húmido. À medida que este ar aquecido e húmido arrefece, forma nuvens de matéria. Áreas mais extensas de ar mais frio separam as correntes ascendentes de ar quente. O ar mais frio afunda-se lentamente para tomar o lugar do ar quente que sobe. As nuvens, como as do tipo cumulonimbus, estão associadas a este tipo de precipitação e acabam por se transformar em grandes nuvens de trovoada, libertando depois a grande quantidade de água que contêm num aguaceiro maciço.

CAPÍTULO 2
Revisão da literatura
2.1: Revisão da literatura

Muitas abordagens para a zonação climática são utilizadas em todo o mundo. A maioria dos procedimentos amplamente utilizados são índices anuais, como a classificação de Koppen (1936). Thornthwaite (1948), Thornthwaite e Mather (1955), Budyako (1956), Papdakis (1975). De acordo com Meher-Homji (1962), quando algumas destas abordagens foram aplicadas a 78 estações representativas na Índia, nenhum destes métodos deu resultados inteiramente satisfatórios. Na classificação de Koppen (1936), as zonas podem apresentar grandes variações entre si (Hashemi et al; 1981). Thornthwaite (1948) introduziu o termo evapotranspiração potencial (PET) e grau de humidade para a classificação climática, que foi modificado por Thornthwaite e Mether (1955). A ênfase principal da classificação de Koppen está nos limites de temperatura, enquanto as classes de Thornthwaite se baseiam na eficácia da precipitação.

Thornthwaite também introduziu o fator de humidade do solo, que também foi utilizado por Papadakis, (1975); Eagleman, (1976). Não era realista para uma zonação ampla, uma vez que existem grandes variações nos factores do solo, mesmo ao nível micro. De facto, o índice de humidade calculado com e sem o fator solo não mostra qualquer diferença significativa em clima seco. Hargreaves (1974) afirmou que "um índice composto baseado no solo e no clima pode ser desenvolvido, no entanto, devido à complexidade dos solos em muitas áreas, tal índice combinado pode ser difícil de usar na classificação climática e estes referem-se apenas às condições climáticas de uma região, mas não ao solo e ao clima.

A abordagem de Thornthwaite modificada adotada por Reddy e Reddy (1973) foi aplicada para identificar as caraterísticas do clima do Paquistão, utilizando a evapotranspiração de referência das culturas (ET_0) em vez da evapotranspiração potencial (PET). O Paquistão tem muitos tipos de clima, que vão do árido ao húmido. Infelizmente, três quartos da área total estão sob clima árido e apenas uma pequena parte está sob clima húmido. As análises sazonais mostram que, na estação *Kharif*, pode ser cultivada uma área superior em Wpercent do que na *Rabi*. A maior parte da metade sul está sujeita a um clima árido, em que a produção agrícola não é possível sem irrigação. Apenas uma estreita faixa das planícies do nordeste tem um clima sub-húmido, onde as culturas podem ser cultivadas com sucesso em condições de sequeiro. A zona mais adequada situa-se principalmente entre 33° N e 35° N de latitude, onde a produção de culturas alimentares é possível em condições de sequeiro. Acima e abaixo destas latitudes, a produção agrícola é possível quando se dispõe de irrigação suplementar. (Chaudhry e Rasul, 2004)

O aumento das temperaturas pode ter um impacto positivo na agricultura das zonas de montanha, por exemplo, através da redução do período de crescimento das culturas de inverno. Nas zonas de alta montanha, as culturas de inverno (por exemplo, o trigo) nem sequer chegam a atingir a maturidade na maioria dos casos e, como tal, a cultura é colhida prematuramente e utilizada como forragem. O encurtamento da duração da estação de crescimento devido ao aumento da temperatura poderia ser benéfico nas zonas montanhosas, uma vez que ajudaria as culturas de inverno a atingirem a maturidade atempadamente e, como tal, permitiria que a cultura atingisse a maturidade no período de tempo ideal, com efeitos benéficos na área de cultivo e nos rendimentos (Hussain e Mudasser, 2004). Do mesmo modo, este aumento da temperatura não é proveitoso nas regiões do sul do país, porque aumenta a necessidade de água, o que afecta a maior parte das culturas. As tendências passadas da temperatura nas zonas de alta montanha (por exemplo, no distrito de Chitral) já levaram à redução da duração da estação de crescimento, o que certamente contribuiu para aumentar o rendimento do trigo e a área cultivada nessas zonas de alta montanha (Hussain e Mudasser, 2004). Além disso, os futuros aumentos de temperatura tornarão provavelmente possível o cultivo de duas ou mais culturas por ano, devido ao encurtamento da duração da estação de crescimento para as culturas de inverno em altitudes mais elevadas nas zonas de montanha (Hussain e Mudasser, 2004). Nas zonas de alta montanha (por exemplo, no distrito de Chitral), a prática de apenas uma cultura por ano prevalece em quase metade das terras aráveis devido às baixas temperaturas (ONU, 2004).

O regime térmico também atinge ambos os extremos, para além da tolerância humana. As temperaturas descem até aos -26°C nas zonas montanhosas do norte do Paquistão e atingem os 52°C nas planícies áridas do centro. O ENSO é responsável por grandes flutuações nos sistemas meteorológicos e, em última análise, por alterações nos padrões climáticos da região (Srinivas e Kumar, 2006). Os fenómenos El Nino suprimem a atividade das chuvas de monção no Paquistão. Os fenómenos La Nina têm um impacto negativo na precipitação de inverno no Paquistão. A pior seca da história recente (1998-2001) no Paquistão e na maior parte do Sul da Ásia está ligada aos fenómenos La Nina (Chaudhry et al., 2001).

As provas observacionais disponíveis indicam que as alterações climáticas globais resultantes de forçamentos naturais e de actividades antropogénicas são consistentes em termos de direção e coerentes em diversas localidades e regiões, com os efeitos esperados das alterações regionais da temperatura do ar (IPCC, 2001). Existe um elevado nível de confiança de que as recentes alterações regionais (tendência ascendente) da temperatura têm impactos discerníveis na precipitação, evaporação, caudal dos cursos de água, escoamento superficial e outros elementos dos ciclos hidrológicos (Elshamy et al., 2006). Com o aumento das concentrações de gases com efeito de estufa (GEE), os modelos climáticos globais também revelam uma maior intensidade e períodos de retorno mais curtos de fenómenos extremos (Hennessy et al., 1997; Fowler e Hennessy, 1995). Os fenómenos extremos registados durante a última década do século XX revelam consistência em termos de intensidade e frequência. A pior seca da história, com temperaturas atmosféricas extremamente elevadas e sem cobertura de neve durante o inverno de 2001, as piores inundações repentinas da história em 23 de julho de 2001 em Rawalpindi /Islamabad devido à explosão de nuvens, são algumas das evidências sólidas do aumento da intensidade dos fenómenos extremos (Chaudhry et al., 2001).

Prevê-se que os maiores e mais imprevisíveis riscos nas zonas de montanha resultem de fenómenos extremos mais frequentes, como incêndios florestais, inundações, avalanches e deslizamentos de terras (IPCC, 2001). Estes fenómenos extremos já estão a tornar-se cada vez mais comuns nas zonas montanhosas e têm ameaçado as terras agrícolas/florestas mundiais. Estes extremos também aumentaram as perdas graves de água devido a alterações nos padrões de evaporação e precipitação, e fizeram com que as necessidades de água ultrapassassem o abastecimento (IPCC, 2001). Existem atualmente provas substanciais de que os glaciares da maior parte das montanhas do mundo estão a derreter devido ao aumento das temperaturas nas zonas montanhosas e, se as tendências actuais se mantiverem, muitos dos glaciares das montanhas do mundo terão desaparecido completamente até ao final deste século (Kumar e Dobhal, 1997; IPCC, 2001). O famoso pico coberto de neve do Monte Kilimanjaro (Tanzânia) já perdeu cerca de 82% do seu permafrost desde 1912 - e um terço deste valor nas últimas duas décadas (Global Mountain Summit, 2002).

Rees et al. (2005) indicam que os glaciares dos Himalaias estão a recuar mais rapidamente do que em qualquer outra parte do mundo e que, ao ritmo atual, a probabilidade de desaparecerem até ao ano 2035 é muito elevada. Este impacto observar-se-á mais nos Himalaias ocidentais, uma vez que a contribuição da neve para o escoamento dos principais rios do lado ocidental é de cerca de 60 a 70%, em comparação com apenas 10% no lado oriental (IPCC, 2001). O aumento da taxa de degelo dos glaciares nos Himalaias provocou a formação de vastos lagos que, em caso de rutura, podem inundar as cidades e as aldeias situadas abaixc. Lagos semelhantes estão também a ser estudados pelo Centro Nacional de Investigação Agrícola (NARC) do Paquistão e pelo Centro Internacional para o Desenvolvimento Integrado das Montanhas (ICIMOD) na região dos Himalaias do Paquistão (ONU, 2004). As alterações na profundidade dos glaciares de montanha e nos seus padrões sazonais de fusão terão um enorme impacto nos recursos hídricos, especialmente no Paquistão, uma vez que 70% dos recursos de água doce do país provêm destes glaciares e da fusão da neve nas zonas de alta montanha dos Himalaias e do Hindu Kush.

CAPÍTULO- 3
Dados e metodologia

O Paquistão tem uma topografia diversificada e uma grande distribuição espacial. Esta distribuição permite a variabilidade geográfica das caraterísticas climáticas. Dois conjuntos de normais climáticas (precipitação, temperatura média, humidade relativa, horas de sol relativas e velocidade do vento) com base em 1961-90 e 1971-2000, cada um com 30 anos, recomendados pela OMM, foram utilizados no cálculo para medir as alterações climáticas nas zonas agro-climáticas. Os dados da Normal Climática de 1961-90 e 1971-2000 para o Paquistão, preparados pelo Departamento Meteorológico do Paquistão (PMD), foram utilizados para calcular a Evapotranspiração de Referência das Culturas (ET_0) numa base mensal e anual, bem como para ambas as estações *Rabi* (outubro-abril) e *Kharif* (maio-setembro) de 59 estações meteorológicas do Paquistão. O índice de humidade e as necessidades hídricas são calculados utilizando a evapotranspiração (ET_0) numa base mensal (exceto para as necessidades hídricas), sazonal e anual. A comparação do índice de humidade é feita para 1961-90 e 1971-00 em períodos sazonais (*Kharif* e *Rabi*) e anuais, tendo sido identificada a variação climática.

Reddy e Reddy (1973) sugeriram algumas modificações ao esquema de Thornthwaite para desenvolver tipos mais homogéneos - doravante designados por "Abordagem de Thornthwaite Modificada". Neste método, o termo solo foi eliminado no cálculo do índice de humidade utilizando a evapotranspiração potencial (PET) e a precipitação (P). Nesta investigação, a evapotranspiração de referência da cultura (ET_0) é utilizada em vez da PET, na esperança de obter melhores resultados em relação à vegetação natural.

3.1: Cálculo da ET_0
3.1.1: Método Blaney-Criddle:

Este método é sugerido para áreas onde os dados climáticos disponíveis abrangem apenas dados de temperatura do ar. A equação original de Blaney Criddle (1950) envolve cálculo do fator de utilização consumptiva (f) a partir da temperatura média (T) e da percentagem (p) do total anual de horas de luz do dia que ocorrem durante o período considerado. Um coeficiente de utilização consumptiva da cultura (Kc) determinado empiricamente é então aplicado para estabelecer as necessidades hídricas consumptivas (CU) ou CU=Kc.f=K (p.T/100) com T em °F. A CU é definida como "a quantidade de água potencialmente necessária para satisfazer as necessidades de evapotranspiração das áreas vegetativas, de modo a que a produção vegetal não seja limitada pela falta de água". O efeito do clima nas necessidades hídricas das culturas é, no entanto, insuficientemente definido pela temperatura e pela duração do dia; as necessidades hídricas das culturas variam muito entre climas com valores semelhantes de T e p. Consequentemente, o coeficiente de utilização consumptiva das culturas (Kc) terá de variar não só com a cultura mas também muito com as condições climáticas.

Para uma melhor definição do efeito do clima nas necessidades hídricas das culturas, mas empregando ainda o fator f relacionado com a temperatura de Blaney Criddle e a duração do dia, é apresentado um método para calcular a evapotranspiração de referência das culturas (ET_0). Utilizando dados de temperatura medidos, bem como níveis gerais de humidade, insolação e vento, deverá ser possível obter uma melhor previsão do efeito do clima na evapotranspiração. (Doorenbos, 1992)

3.1.2: Relação recomendada:

A relação recomendada, que representa o valor médio ao longo de um determinado mês, é expressa como

ETo = c [p (0.46T + 8.13)] mm/day

(Fonte: Doorenbos, 1992)

Onde

ET_o = evapotranspiração de referência da cultura, em mm/dia, para o mês considerado

T = temperatura média diária em °C durante o mês considerado.

p = percentagem média diária do total anual de horas diurnas obtida do anexo -1 para um determinado mês e latitude.

c = fator de ajustamento, que depende da humidade relativa mínima, das horas de sol e das estimativas do vento diurno.

Utilizando os valores calculados de p (0,46T + 8,13), O valor de ET_o pode ser calculado se a constante c estiver a ser lida como indicado nas tabelas (anexos 3 a 5) para (i) três níveis de humidade mínima (RH_{min}); três níveis da razão entre as horas de sol reais e as horas de sol máximas possíveis (n/N); e (iii) três gamas de condições de vento diurnas, a 2 m de altura (Uday).

3.2: Cálculo do índice de humidade

A equação utilizada para calcular o índice de humidade para classificação é a seguinte

MI   = $[(P-ET_o) / ET_o]$

(Fonte: Chaudhry e Rasul., 2004) Onde

MI = Índice de humidade em percentagem.

P = Precipitação em milímetros.

ET_o = Evapotranspiração de referência da cultura em milímetros.

ET_o é definida como a taxa de evapotranspiração de uma superfície estendida de 8 a 15 cm de altura de erva verde de altura uniforme, em crescimento ativo, sombreando completamente o solo e sem falta de água.

Os critérios descritos na abordagem de Thornthwaite modificada adoptada por Reddy e Reddy (1973) para a classificação climática da Índia e de algumas partes de África foram utilizados para classificar várias caraterísticas climáticas do Paquistão. Os mesmos pesos são dados para os termos húmido e árido e são utilizados limites uniformes nos lados húmido e seco da escala, como na abordagem modificada de Thornthwaite (Reddy e Reddy, 1973). O indicador de humidade foi calculado com os dados climáticos disponíveis de 59 estações do Paquistão. Os limites de humidade para diferentes zonas climáticas são apresentados no Quadro 3.1.

Tabela 3.1: Zonas climáticas de larga escala com base no índice de humidade

Zonas amplas		Símbolo	Limites do IM (%)
Extremamente árido		A_h	<-90
Árido		A	-90 a -80

Semiárido	Seco	SA_d	-79 a -56
	Húmido	SA_w	-55 a -26
	Seco	SHd	-25 a 0
Sub-húmido	Húmido	SHw	1 a 20
Húmido		H	21 a 50
Muito húmido		H*	>50

(Fonte: Chaudhry e Rasul, 2004)

3.3: Cálculo das necessidades hídricas das culturas

Depois de determinar a ET_o , as necessidades hídricas da cultura (CWR) podem ser previstas utilizando o coeficiente de cultura adequado (Kc)

$$ET_{crop} = Kc* ET_o.$$

or

$$CWR = Kc* ETo.$$

(Fonte: Doorenbos., 1992)

O coeficiente de cultura (kc) é, na realidade, o rácio entre a evapotranspiração máxima da cultura e a evapotranspiração da cultura de referência. No caso do trigo, este rácio atinge o valor 1 durante o ciclo reprodutivo (da cabeça à formação do grão), caso contrário permanece inferior a 1, apresentando valores mínimos durante a fase inicial da cultura e na maturidade. Durante a estação *da colheita*, o Kc varia entre 0,4 e 1,2 e atinge o pico máximo durante os meses de agosto e setembro. A figura 3.1 apresenta um esquema da variação do coeficiente de cultura relacionado com as diferentes fases de desenvolvimento da cultura em condições normais.

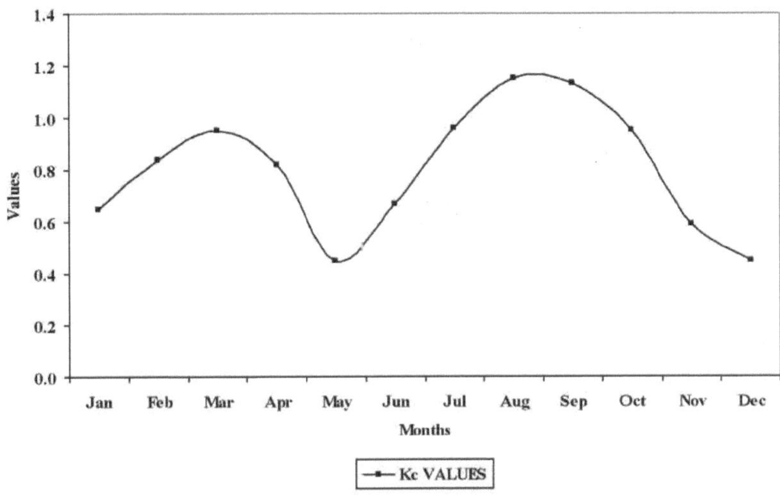

Figura 3.1 Marcha anual dos valores do coeficiente de cultura (Kc)

A necessidade de água da cultura foi calculada para o período desde a emergência até à maturação da cera. Após o amadurecimento da cera, praticamente não há necessidade de irrigação, porque as condições quentes e secas são desejáveis para alcançar uma rápida maturação dura. As necessidades de água foram calculadas em milímetros e podem ser convertidas em metros cúbicos por hectare através da seguinte equação

10 mm =1   metro cúbico por hectare

Como na comunidade agrícola o latte pode ser adotado facilmente, as necessidades totais de água das diferentes áreas de cultivo de trigo do país, dadas em mm, podem ser multiplicadas por dez para ccnverter (WR) em metros cúbicos por hectare. A generalização é feita através da delimitação das áreas com diferentes necessidades de água. Para além da perda de água por evaporação e transpiração, foi também considerada a compensação desta perda pela precipitação. Em seguida, foram estabelecidos os quatro níveis de necessidade de água como húmido (H), húmido (M), moderadamente seco (MD) e seco (D). (Rasul. 1993)

Normalmente, a maioria das plantas cresce com sucesso e utiliza a água do solo a 50% ou mais da humidade disponível no solo. A necessidade máxima (diária ou sazonal) pode ser igual à evapotranspiração de referência da cultura (ET_o) que é utilizada através da humidade do solo. Se o solo é carregado através das chuvas ou da água de irrigação até ao ponto em que toda a água evapotranspirada é totalmente substituída, ou seja, P> WR marcando 100%, significa que a WR das culturas é totalmente satisfeita pela precipitação.

Tabela 3.2: Regiões climáticas com base nas necessidades de água e na precipitação.

S.N.	Equação	Região	Símbolo	Percentagem
1.	P>WR	Húmido	H	100

2.	WR>P>^ WR	Húmido	M	50
3.	^ WR > P> %	Moderadamente seco	MD	25
	WR			
4.	%WR >P<1/8 WR	Seco	D	12.5

(Fonte: Rasul., 1993)

Presumivelmente, correspondem às regiões de humidade do solo com 100%, 50%, 25% e 12,5% de humidade disponível no solo, aproximadamente sem condições de carga de armazenamento no solo para satisfazer a evapotranspiração real.

CAPÍTULO -4
Resultados e discussão

A zona árida do Paquistão, no extremo mais seco do clima, representa pradarias arenosas (por exemplo, Nokkundi) onde a produção de culturas alimentares não é económica em condições de sequeiro. O outro extremo, no lado mais húmido do clima, representa as florestas tropicais (por exemplo, Murree) e é designado por zona húmida. Entre estes dois extremos, a principal zona de produção de culturas alimentares pode ser classificada como clima semi-árido a sub-húmido, que possui caraterísticas agronómicas óptimas. O período de disponibilidade de humidade suficiente é limitado a menos de metade da duração da estação de crescimento e também a distribuição da precipitação é altamente desigual ao longo do tempo. Isto aumenta o risco de fracasso das colheitas.

As áreas acima de 32°N a 35°N de latitude registam chuvas de inverno e de verão devido à sua topografia e caraterísticas geográficas. Abaixo de 32° N, ambos os sistemas pluviométricos não produzem chuva eficazmente, no entanto, por vezes, estes sistemas meteorológicos estendem-se até às latitudes meridionais. As temperaturas seguem uma tendência crescente de norte para sul, o que resulta numa rápida perda de humidade através da evaporação e da transpiração. Esta perda contínua de humidade em comparação com a escassez de precipitação deixa o balanço hídrico destas áreas em défice. Estas zonas são designadas como áridas quando a precipitação média anual não consegue satisfazer 80% a 90% da ET média anual$_0$. Tendo em conta a gravidade da situação, foi introduzido um subgrupo "extremamente árido" na zona árida em que o índice de humidade anual é inferior a -90%. A análise mostra que cerca de 20 a 25% da área total do país é extremamente árida. Numa zona árida, a agricultura económica não é possível sem irrigação.

4.2: Análise mensal

A classificação climática numa análise mensal ajudar-nos-á a compreender o comportamento do clima no Paquistão durante os diferentes meses do ano. janeiro é o início do ano e é o mês mais frio observado no país. A temperatura é normalmente tão baixa como em qualquer altura do ano, devido às ondas de oeste e aos ventos siberianos. Estes ventos são ventos continentais frios, mas transportam humidade que provoca precipitação nas zonas do norte, Caxemira, KP, Alto Punjab e partes ocidentais do Balochistão.

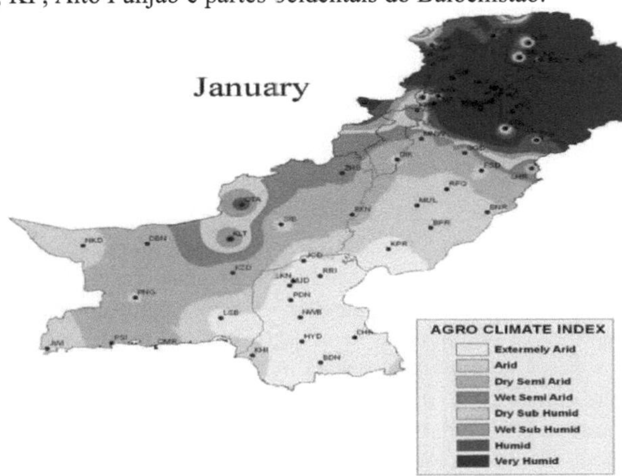

Fig. 4.1: Classificação climática com base no índice de humidade (%) durante janeiro (1971-00)

Devido à diminuição da temperatura, da duração do dia e do tempo frio, a taxa de evapotranspiração permanece baixa em quase todo o país. Nas zonas de neve, a taxa de evapotranspiração é quase inferior a 1 mm/dia. A precipitação nestas zonas, em especial nas regiões do Baluchistão e nas zonas setentrionais, torna-se frutuosa, que normalmente permanecem secas durante a maior parte do ano. As regiões de Quetta e Kalat tornaram-se muito húmidas, enquanto Nokkundi permanece extremamente árida. A parte extremamente árida destas regiões tornou-se árida a semi-árida, enquanto a maior parte da região de Sindh apresenta condições extremamente áridas, devido à escassez de precipitação, exceto a região de Karachi, que permanece árida. Na parte superior do KP, a parte superior do Punjab, incluindo as regiões de Potohar, Caxemira e zonas setentrionais (exceto Gilgit e Chillas, que têm um clima semi-árido) permanecem muito húmidas, enquanto o sul do Punjab permanece árido, exceto Khanpur, que tem um clima extremamente árido. Nas partes baixas do KP, prevalece um clima do tipo árido a muito húmido. Parachinar e Cherat são os locais mais húmidos desta região. No norte do Paquistão, o clima varia entre árido e muito húmido, sendo a maior parte do país muito húmida. No sul do Paquistão, prevalece um clima extremamente árido a muito húmido, em que a maior parte do país permanece extremamente árida e semiárida seca.

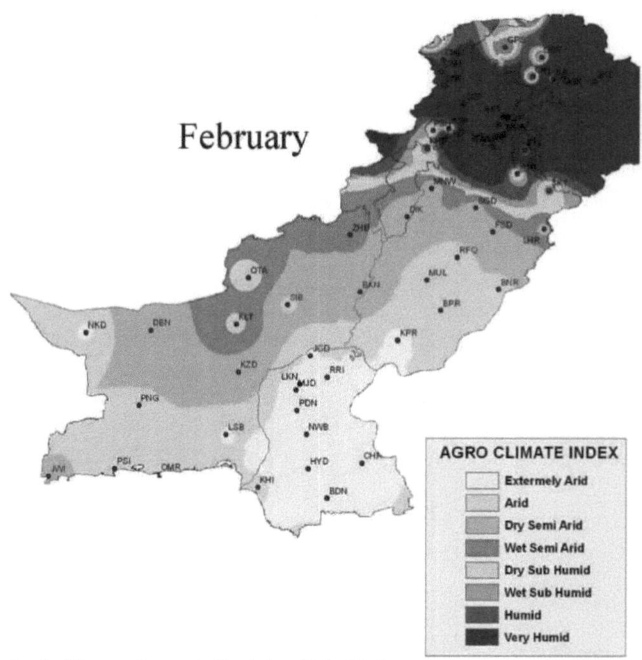

Fig. 4.2: Classificação climática com base no índice de humidade (%) durante o mês de fevereiro (1971-00)

Tal como janeiro, fevereiro é também um mês mais frio, mas a taxa de evapotranspiração (ET_o) aumenta ligeiramente na maior parte do país devido ao ligeiro aumento da temperatura. A precipitação ocorre devido às ondas de oeste, que compensam, em certa medida, a perda de água nas regiões norte e oeste do país. Sindh continua a ser extremamente árido, com exceção de Karachi, que permanece árida, enquanto a maior parte do Baluchistão se tornou árida ou semi-árida. As regiões de Quetta e Kalat são sub-húmidas. Lasbella e Nokkundi são extremamente áridas, enquanto Zhob tem um clima semi-árido húmido. No sul do Punjab, a maior parte das regiões permanece árida, exceto Khanpur, que permanece extremamente árida. No norte do Punjab, existem condições semiáridas secas a muito húmidas. O planalto de Potohar, incluindo Murree, tem o tipo de clima mais húmido. Nas partes inferiores do KP, prevalece um clima semi-árido húmido a muito húmido, exceto em D.I.Khan, que apresenta condições semi-áridas secas. Na parte superior do KP, quase toda esta região permanece muito húmida. Nas zonas setentrionais e em Azad Kashmir, o clima é muito húmido, exceto em Gilgit, Gupis e Chillas, onde o clima é semi-árido. Em fevereiro, o norte do Paquistão tem um clima semi-árido a muito húmido, enquanto as partes meridionais têm um clima extremamente árido a sub-húmido seco.

O mês de março é o início do período de transição do inverno para o verão, normalmente designado por estação da primavera, em que a temperatura, a duração do dia e a evapotranspiração começam a aumentar, enquanto a precipitação diminui em quase todo o país. Nas partes baixas do Baluchistão e nas zonas costeiras, prevalece o clima árido, exceto em Lasbella e Nokkundi, que apresentam um clima extremamente árido. Nas partes superiores do Baluchistão, as regiões de Quetta, Zhob e Kalat apresentam condições semi-áridas húmidas, enquanto as restantes zonas apresentam condições semi-áridas áridas a secas. Sindh mantém-se extremamente árido durante este mês. No sul do Punjab, o clima é árido a seco e semiárido, exceto em Khanpur e Bahawalpur, onde as condições são extremamente áridas. Nas partes superiores do Punjab, o clima é seco, semi-árido a muito húmido. O planalto de Potohar tem um clima húmido semiárido a muito húmido. Murree é a região mais húmida durante este mês.

Na parte inferior do KP, o clima é de semi-árido húmido a muito húmido, com exceção de D.I.Khan, que tem um clima semi-árido seco, enquanto Parachinar e Cherat têm condições mais húmidas nesta região. Na parte superior do KP, prevalece o clima sub-húmido a muito húmido. Nas zonas setentrionais, o clima é de semiárido seco a semiárido húmido, enquanto na região de Azad Kashmir o clima é de sub-húmido seco a muito húmido. O norte do Punjab permanece semi-árido a muito húmido e o sul do Punjab tem um clima do tipo semi-árido extremamente árido a húmido, em que a maior parte é extremamente árida ou árida. O clima semiárido seco prevalece na maior parte das zonas setentrionais, enquanto a maior parte da região de Caxemira tem um clima semiárido húmido. Astor tem um clima sub-húmido húmido. Durante o mês de abril, a maior parte do norte do Paquistão apresenta um clima semi-árido seco a semi-árido húmido, enquanto no sul existem condições extremamente áridas a áridas.

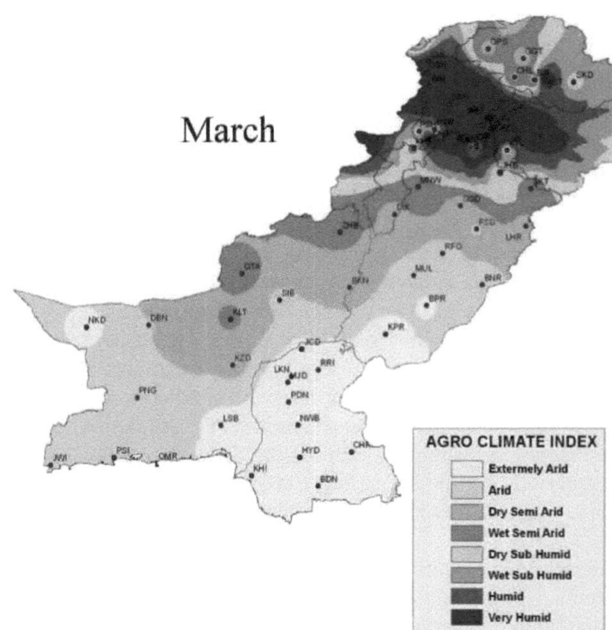

Fig. 4.3: Classificação climática com base no índice de humidade (%) durante o mês de março (1971-00)

Em abril, a evapotranspiração começa a aumentar e é normalmente o início da época de verão. A quantidade de precipitação é limitada a algumas zonas do país. Nas partes baixas do Baluchistão e nas zonas costeiras, todas as regiões têm um clima extremamente árido, exceto Khuzdar, que tem um clima semiárido seco.

Nas partes superiores do Baluchistão, a maioria das regiões apresenta condições extremamente áridas a áridas, com exceção de Zhob e Barkhan, que apresentam um clima semiárido seco devido à precipitação orográfica. Toda a região de Sindh permanece extremamente árida. As precipitações são escassas e as temperaturas são mais elevadas, o que faz com que a evapotranspiração aumente em relação a outras regiões do país. No sul do Punjab, o clima é extremamente árido a árido, enquanto no Alto Punjab e no Baixo KP o clima é seco, semiárido a semiárido húmido, exceto em D.I.Khan, onde o clima é árido. Parachinar apresenta um clima sub-húmido húmido, enquanto Murree permanece muito húmido durante este mês. Na parte superior do KP, existem condições semi-áridas húmidas a sub-húmidas secas, com exceção de Kakul, que tem um clima sub-húmido húmido e Dir tem um clima húmido nesta região.

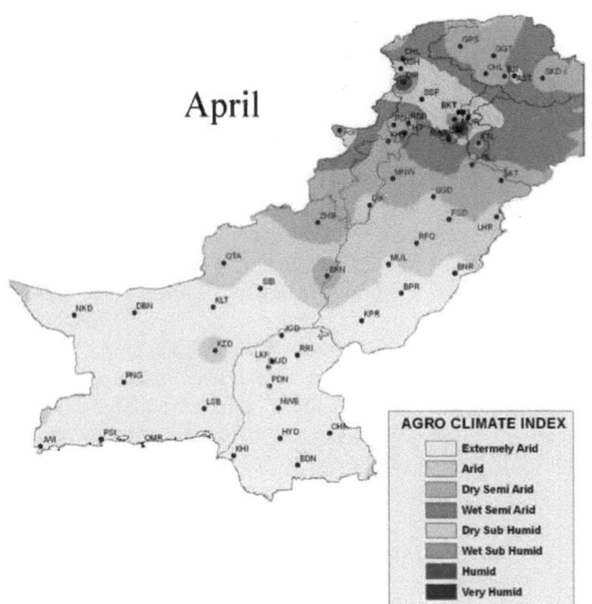

Fig. 4.4: Classificação climática com base no índice de humidade (%) durante o mês de abril (1971-00)

maio é o mês de pico do verão, com condições mais quentes e secas do que os outros meses. Normalmente, é o início da estação *Kharif* no Paquistão. As temperaturas do ar são muito mais elevadas devido ao ângulo solar elevado e ao ar seco. Por vezes, estas temperaturas são mais elevadas do que nos restantes meses. A maior parte dos vendavais (rajadas de vento) ocorre durante este mês. A taxa de evapotranspiração é mais elevada e a precipitação ocorre em muito poucos locais do país devido à convecção.

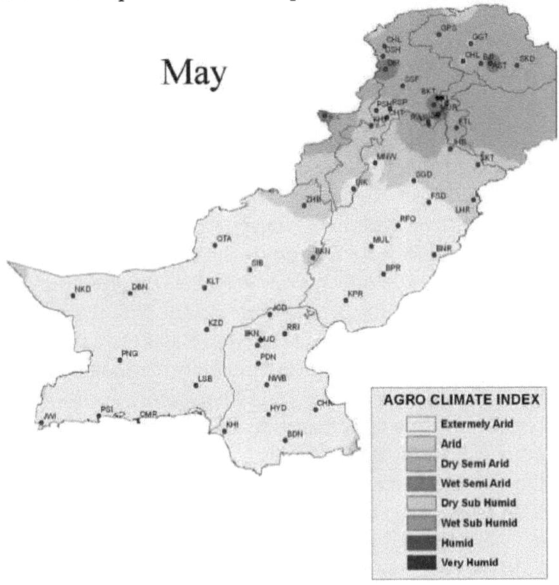

Fig.4.5: Classificação climática com base no índice de humidade (%) durante o mês de maio (1971-00)

Durante este mês, o índice de humidade diminui (a aridez aumenta) em todo o país. As regiões do Baluchistão têm um clima extremamente árido, com exceção de Barkhan e Zhob, que permanecem áridas devido à precipitação orográfica, em comparação com outras zonas da província. O Sindh e o sul do Punjab registam condições extremamente áridas. Os ventos mais secos provêm dos desertos e aumentam a taxa de evapotranspiração nestas regiões. No norte do Punjab, no KP, nas zonas setentrionais e nas regiões de Caxemira, a maior parte destas zonas tem um clima árido a semi-árido seco, exceto D.I.Khan e Mianwali, que têm um clima extremamente árido, enquanto Astor, Dir, Parachinar, Murree, Kakul e Balakot têm um clima semi-árido húmido. No norte do Paquistão, o estado de humidade varia entre o extremamente árido e o semi-árido húmido, enquanto toda a parte sul do país permanece extremamente árida.

junho é o mês mais quente do ano observado no Paquistão. As longas horas de duração do dia e os raios solares verticais incidem diretamente sobre esta parte do mundo. A necessidade de evaporação é mais elevada do que em qualquer outro mês devido à temperatura elevada em todo o país. Mas, por vezes, devido ao início da monção, observa-se precipitação na maior parte do país, o que reduz a necessidade de evaporação.

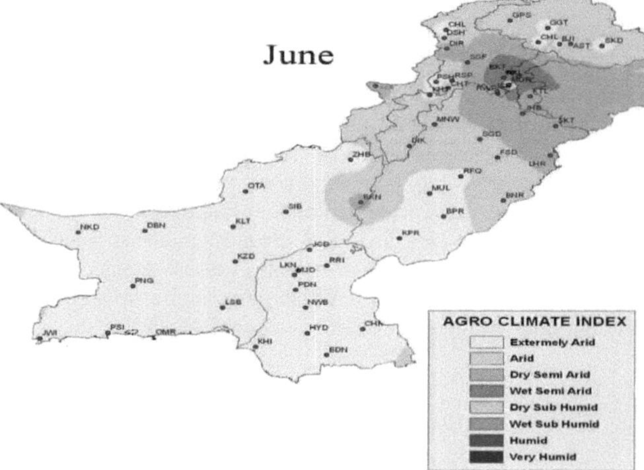

Fig. 4.6: Classificação climática com base no índice de humidade (%) durante o mês de junho (1971-00)

Em Sindh e no Baluchistão, o clima é extremamente árido, com exceção de Barkhan, que tem um clima semiárido seco. No sul do Punjab, o clima continua a ser extremamente árido a árido, enquanto na parte superior do Punjab existe um clima árido a seco semi-árido, exceto em Murree, que tem um clima sub-húmido seco. Na parte inferior do KP, a maioria das zonas tem um clima árido, exceto Peshawar e Kohat, que têm um clima extremamente árido. Parachinar tem um clima seco do tipo semi-árido. Nas regiões superiores de KP e Caxemira, o clima é árido a semi-árido seco, exceto em Balakot, Kakul e Muzaffarabad, onde o clima é semi-árido húmido. O Chitral regista condições extremamente áridas durante este mês. As zonas setentrionais registam condições extremamente áridas a áridas. A maior parte do norte do Paquistão tem um clima extremamente árido a semi-árido húmido, enquanto o sul do Paquistão tem condições extremamente áridas.

O mês de julho é o início da monção no Paquistão, que não só satisfaz 55% das necessidades hídricas do país, como também se revela muito útil para as culturas *da Kharif*. A temperatura durante o dia diminui ligeiramente em relação a junho e a humidade aumenta na atmosfera. A taxa de evapotranspiração diminui um pouco e as condições de humidade tornam-se favoráveis em quase todo o país.

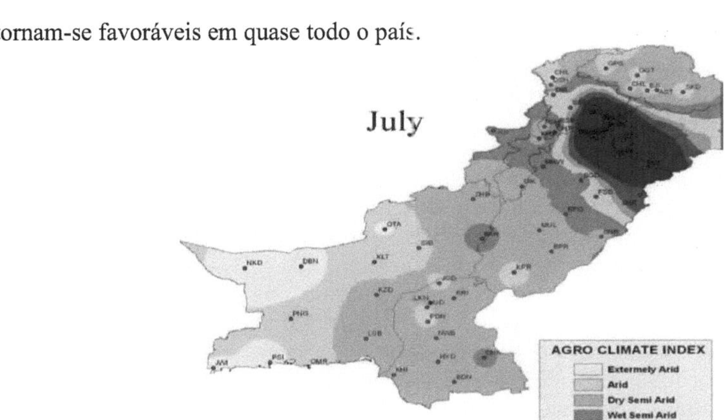

Fig. 4.7: Classificação climática com base no índice de humidade (%) durante o mês de julho (1971-00)

No Baluchistão, a parte ocidental a sudoeste, juntamente com as zonas costeiras, apresentam um clima extremamente árido a árido, enquanto o resto do Baluchistão apresenta condições semi-áridas secas, exceto Barkhan, que apresenta condições semi-áridas húmidas. Nokkundi, Dalbadin, Pasni, Quetta e Jiwani são extremamente áridas durante este mês. Em Sindh, a maior parte das regiões apresenta um clima semi-árido seco, especialmente nas partes baixas, exceto Chorr, onde o clima permanece semi-árido húmido. Na parte superior de Sindh, algumas regiões como Jacobabad, Padidan e Moenjo-daro permanecem extremamente áridas.

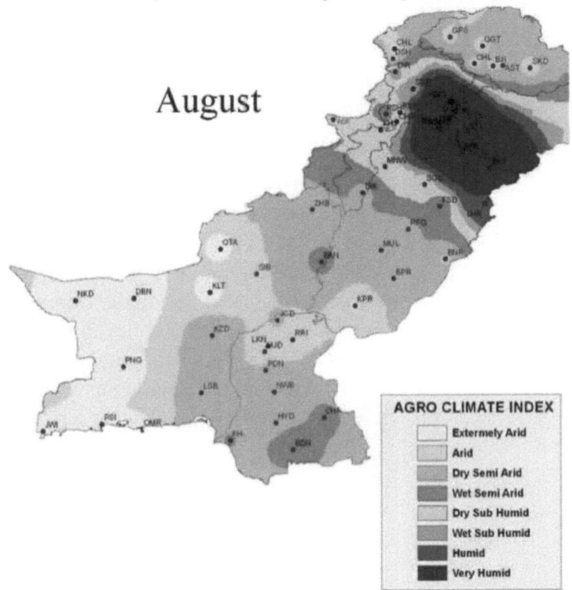

Fig. 4.8: Classificação climática com base no índice de humidade (%) durante o mês de agosto (1971-00)

No Punjab, as regiões meridionais têm um clima seco semi-árido, exceto Khanpur, que permanece extremamente árido. No norte do Punjab, o clima é do tipo semi-árido húmido a muito húmido. Todas as regiões de Potohar permanecem muito húmidas. Em KP, as partes inferiores da província apresentam condições semiáridas secas a semiáridas húmidas, enquanto a maior parte das partes superiores apresenta um clima sub-húmido seco a muito húmido, exceto Drosh e Chitral, que permanecem áridas e extremamente áridas, respetivamente. Balakot e Kakul têm o clima mais húmido do KP. A maior parte das zonas setentrionais tem um clima do tipo árido a semi-árido, enquanto as regiões de Caxemira têm um clima do tipo semi-árido a muito húmido. Muzaffarabad e Kotli têm o clima mais húmido, enquanto Skardu, Astor Bunji, Gilgit Chillas e Gupis têm um clima árido. Em julho, quase todo o norte do Paquistão tem um clima húmido de semi-árido a muito húmido, enquanto o sul do Paquistão tem um clima extremamente árido a semi-árido.

agosto é o mês de pico das chuvas de monção. Devido à forte precipitação e à maior humidade, a necessidade de evaporação permanece baixa, como em julho. No Baluchistão, a parte sudoeste da província permanece extremamente árida, juntamente com uma parte da faixa costeira meridional, enquanto as partes ocidental, noroeste e sudeste apresentam um clima árido a semi-árido. Nokkundi, Dalbandin, Panjgur, Pasni, Jiwani, Quetta e Kalat registam condições extremamente áridas. A região de Barkhan tem um tipo de clima semi-árido húmido. Em Sindh, as partes mais baixas da região apresentam um clima do tipo semiárido seco a semiárido húmido. Karachi, Chorr e Badin permanecem semi-áridas húmidas, enquanto as partes superiores da província permanecem semi-áridas a semi-áridas secas, incluindo Jacobabad. No Punjab, as zonas meridionais apresentam condições semi-áridas áridas a secas, exceto Khanpur, que apresenta condições extremamente áridas. No norte do Punjab, prevalece um clima semi-árido húmido a muito húmido. As regiões do planalto de Potohar, como Murree, Islamabad e Jhelum, permanecem muito húmidas.

Em KP, as partes inferiores da província apresentam um clima semi-árido húmido a sub-húmido seco, exceto D.I.Khan, que apresenta um clima semi-árido seco. A maior parte das partes superiores da província, como Balakot e Kakul, tem um clima sub-húmido seco a muito húmido, enquanto as regiões de Chitral e Drosh têm um clima extremamente árido a árido, respetivamente. A maior parte das zonas setentrionais, como Chillas, Gilgit e Gupis, permanecem áridas a extremamente áridas. Nas regiões de Azad Kashmir, como Muzaffarabad e Kotli, as condições são muito húmidas. O Paquistão apresenta tipos de clima variáveis durante este mês. A maior parte das regiões meridionais tem um clima extremamente árido a semi-árido, enquanto as regiões setentrionais têm um clima sub-húmido a muito húmido e o extremo norte tem um clima árido.

setembro é normalmente o mês de fim da estação das monções e da estação *Kharif*. A precipitação é muito baixa em todo o país em comparação com os dois meses anteriores. Durante o dia, a temperatura aumenta ligeiramente e a humidade diminui, o que aumenta a necessidade de evaporação. O aumento da necessidade de evaporação e a escassez de precipitação fazem com que as condições de humidade diminuam até certo ponto. Quase oitenta a noventa por cento do Baluchistão torna-se extremamente árido, enquanto algumas partes superiores da província apresentam condições áridas, exceto a região de Barkhan, que tem um clima seco semi-árido.

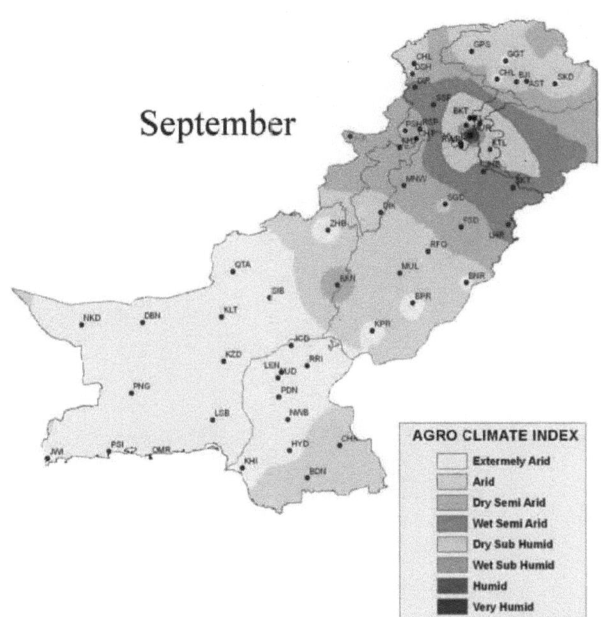

Fig. 4.9: Classificação climática com base no índice de humidade (%) durante o mês de setembro (1971-00)

Em Sindh, as zonas altas têm um clima extremamente árido, enquanto algumas zonas do sudeste, nas zonas baixas da província, têm um clima árido. No Punjab, todo o sul do Punjab se tornou árido, exceto Khanpur, Bahawalpur e Bahawalnagar, que têm um clima extremamente árido. Na parte superior do Punjab, existe um clima semiárido a sub-húmido seco. A maior parte das regiões de Potohar tem um clima sub-húmido seco, exceto Murree, que tem um clima muito húmido. No KP, as partes inferiores da província apresentam um clima seco do tipo semi-árido, exceto Peshawar e D.I.Khan, que apresentam condições áridas. Na parte superior do KP, prevalecem as condições semi-áridas húmidas a sub-húmidas secas, enquanto Chitral e Drosh têm um clima extremamente árido e árido, respetivamente. Quase todas as zonas setentrionais têm um clima extremamente árido a árido, enquanto as regiões de Caxemira têm um clima húmido, semi-árido a seco e sub-húmido. As regiões meridionais e o extremo norte do Paquistão têm um clima extremamente árido a árido, enquanto no norte do Paquistão existe um clima semi-árido a sub-húmido.

outubro é o mês mais seco do ano, que é, de facto, o período de transição entre o verão e o inverno, em que não se observa precipitação significativa na maior parte do país. Normalmente, é o início da estação de *Rabi*, mas devido à escassez de precipitação, as culturas não são semeadas na maior parte do país, especialmente nas zonas de sequeiro. Todas as regiões de Sindh, do Baluchistão e do sul do Punjab têm um clima extremamente árido, enquanto no norte do Punjab, incluindo o planalto de Potohar, a maior parte das regiões tem um clima árido a semi-árido, com exceção das regiões de Faisalabad e Sargodha, que têm um clima extremamente árido. Murree tem um clima húmido.

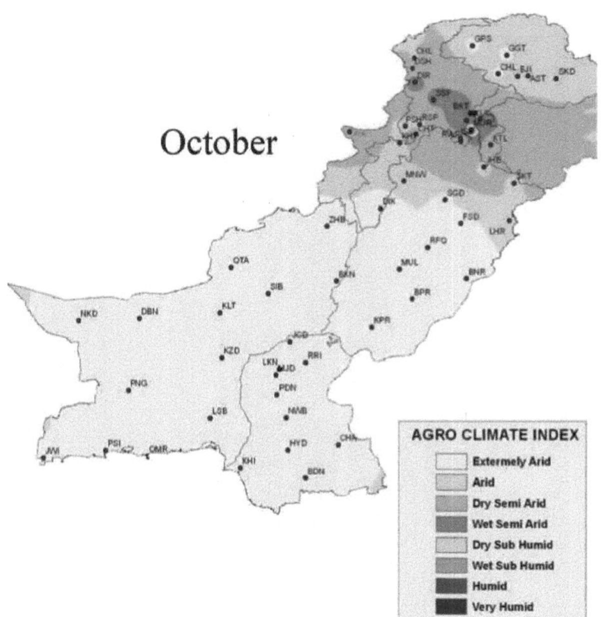

Fig. 4.10: Classificação climática com base no índice de humidade (%) durante o mês de outubro (1971-00)

Em KP, as partes inferiores da província apresentam um clima do tipo árido, exceto a região de D.I.Khan, que apresenta condições extremamente áridas, enquanto a região de Parachinar apresenta um clima do tipo semiárido seco. Na parte superior de KP, prevalece o clima semiárido seco a semiárido húmido. Kakul, Dir, Balakot e Saidu-Sharif apresentam condições semi-áridas húmidas, enquanto Chitral permanece árido. Nas zonas setentrionais, a maior parte das regiões permanece árida, exceto Chillas, Gupis e Gilgit, que têm um clima extremamente árido. Em Caxemira, toda a parte da região apresenta um clima seco do tipo semi-árido. Durante o mês de outubro, todo o sul do Paquistão permanece extremamente árido, tal como algumas regiões do extremo norte do Paquistão, enquanto as regiões do norte do país apresentam um clima de tipo árido a semi-árido húmido. Murree é a única região que apresenta um clima de tipo húmido durante este mês mais seco.

Tal como outubro, novembro é também o mês mais seco do ano, em que as condições de humidade se mantêm praticamente inalteradas. Todas as regiões de Sindh, do Baluchistão e do sul do Punjab têm um clima extremamente árido, enquanto no norte do Punjab, incluindo o planalto de Potohar, a maior parte das regiões tem um clima árido a semi-árido, com exceção das regiões de Lahore e Mianwali, que têm um clima árido a extremamente árido devido a dois meses consecutivos de seca. Murree tem um clima sub-húmido e húmido.

Em KP, as partes inferiores da província têm um clima do tipo árido, exceto as regiões de D.I.Khan, que são extremamente áridas, enquanto as regiões de Parachinar têm um clima seco do tipo semiárido. Esta aridez aumenta ainda mais devido à menor quantidade de precipitação nestas regiões. Na parte superior de KP, prevalece o clima semiárido seco a semiárido húmido. Kakul, Dir e Balakot têm um clima semi-árido húmido, enquanto Saidu-Sharif tem um clima semi-árido seco. Nas zonas setentrionais, a maioria das regiões tem um clima extremamente árido a árido ou semi-árido seco, exceto Gupis e Gilgit, que têm um clima extremamente árido. Em Caxemira, toda a parte da região apresenta um clima do tipo semiárido seco, embora se verifique um certo aumento do índice de humidade (semiárido seco para semiárido húmido) na parte ocidental da região. Garhi Dupatta é um local seco e sub-húmido em Caxemira. Durante o mês de novembro, todo o sul do Paquistão permanece extremamente árido, tal como algumas regiões do extremo norte do Paquistão, enquanto a maior parte das regiões do norte do país tem um clima árido a semi-árido seco, enquanto algumas regiões têm um clima semi-árido húmido. Murree é a única região que apresenta um clima sub-húmido e húmido durante este mês. As culturas Rabi são geralmente semeadas em meados ou no final de novembro na maior parte do país, porque as condições se tornam favoráveis para os próximos meses. Esta sementeira tem alguns impactos positivos no rendimento das culturas.

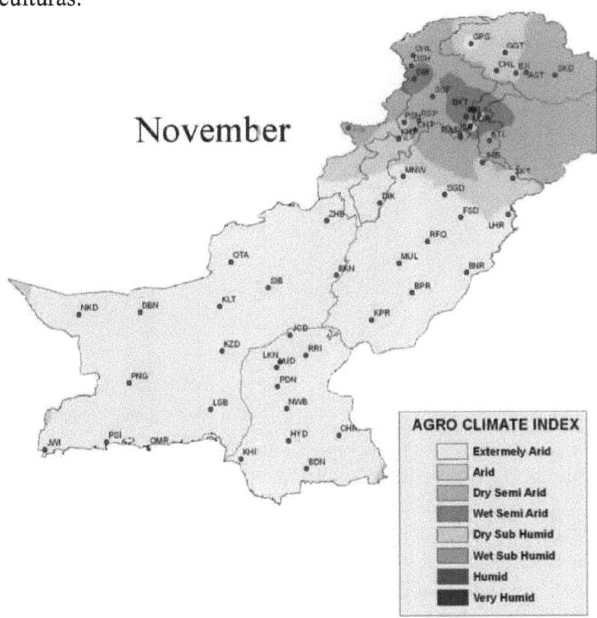

Fig. 4.11: Classificação climática com base no índice de humidade (%) durante o mês de novembro (1971-00)

dezembro é o último mês do ano, mas é normalmente o início da estação do inverno no país. As ondas de oeste e os ventos siberianos são ventos continentais frios, transportando humidade que provoca precipitação nas zonas setentrionais, Caxemira, KP, Alto Punjab e partes ocidentais do Baluchistão. Devido à diminuição da temperatura, à duração do dia, ao baixo ângulo solar e ao tempo frio, a taxa de evapotranspiração permanece baixa em quase todo o país. Nas zonas de neve, a taxa de evapotranspiração mantém-se quase abaixo dos 2 mm/dia. A precipitação registada durante este mês altera em certa medida a secura dos dois meses anteriores, especialmente nas regiões do Baluchistão e nas zonas setentrionais. A maior parte do Baluchistão passa de extremamente árido a árido, com exceção de Nokkundi, Lasbella, Sibbi e Barkhan, enquanto as regiões de Quetta e Kalat apresentam um clima húmido semi-árido e seco sub-húmido, respetivamente.

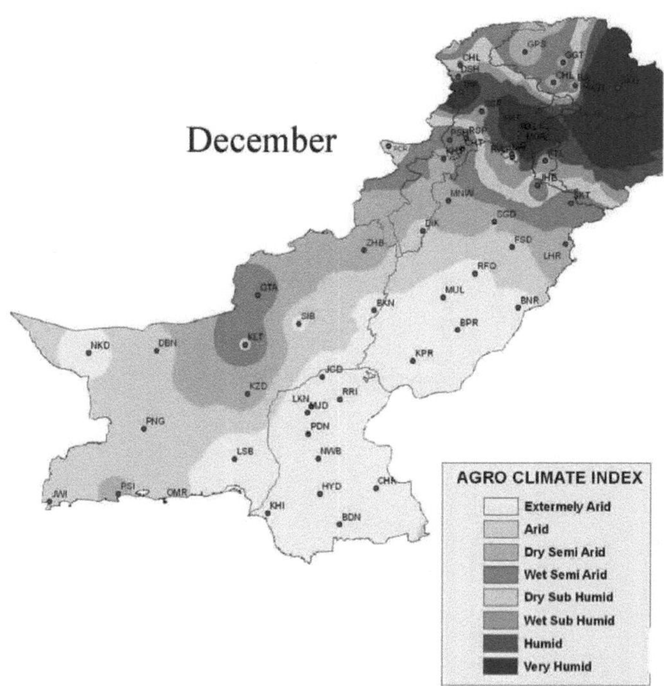

Fig. 4.12: Classificação climática com base no índice de humidade (%) durante o mês de dezembro (1971-00)

Todas as regiões de Sindh têm condições extremamente áridas, tal como o sul do Punjab. No norte do Punjab, a maior parte da região apresenta um clima seco, semi-árido a sub-húmido, com exceção das regiões de Faisalabad e Sargodha, que apresentam condições áridas. A maior parte da região de Pothor tem um clima seco, sub-húmido a húmido. Nas partes inferiores de KP, prevalece o clima do tipo semiárido seco a semiárido húmido, exceto em D.I.Khan, que apresenta condições áridas, enquanto Parachinar tem um clima sub-húmido seco. Na parte superior do KP, a maior parte das zonas apresenta um clima sub-húmido seco a muito húmido. Dir, Balakot e Kakul apresentam condições muito húmidas. Nas zonas setentrionais, o clima é semi-árido seco a semi-árido húmido, enquanto quase todas as regiões de Caxemira apresentam um clima húmido a muito húmido. No sul do Paquistão, existe um clima árido a semi-árido húmido. A região de Kalat tem um clima sub-húmido seco, enquanto toda a parte sudeste do sul do Paquistão tem um clima extremamente árido, enquanto no norte do Paquistão, a maior parte das regiões tem um clima semi-árido húmido a muito húmido.

Devido a estas condições favoráveis de humidade, as culturas de *Rabi* são geralmente semeadas em zonas de sequeiro e em algumas zonas irrigadas do país, especialmente no Baluchistão (Quetta, Zhob e região de Kalat), uma vez que a maior parte das regiões desta província tem apenas uma estação de colheita e a análise dos próximos meses mostra que as condições de humidade são muito favoráveis até março para a sementeira das culturas de *Rabi*, especialmente do trigo.

4.2:   Análise sazonal

O Paquistão é uma região geo-estratégica afortunada e Alá Todo-Poderoso abençoou esta região com ambos os tipos de clima e precipitação sazonal. Estas chuvas compensam todo o Paquistão ao longo do ano.

A estação de crescimento *da* cultura *Rabi* começa em outubro e estende-se geralmente até abril/maio. Devido à menor quantidade de precipitação no mês mais seco (outubro e novembro) nas áreas de sequeiro, a sementeira é geralmente iniciada no final de novembro ou no início de dezembro, porque a sementeira e o estabelecimento inicial da cultura dependem da precipitação e são cultivados em abril. Em algumas zonas onde o período de dormência se prolonga, especialmente nas zonas de queda de neve, a colheita prolonga-se até maio. As chuvas de inverno (de dezembro a março) revelam-se eficazes para a estação de *Rabi*, cuja eficácia ainda se restringe às latitudes mais elevadas e às vertentes a barlavento das cadeias montanhosas. Mais tarde, durante a estação, prevalecem longos períodos de seca que, por vezes, coincidem com a fase crítica do desenvolvimento das culturas e resultam num fraco rendimento. Nas zonas áridas, o fracasso das culturas é mais provável se forem cultivadas em condições de sequeiro. O trigo é a sua principal cultura alimentar, que constitui a necessidade alimentar essencial de cada família.

A estação *Kharif* começa com a colheita *Rabi*, ou seja, em maio, e termina no final do ano civil. As principais culturas são o algodão, o arroz e a cana-de-açúcar. O início da estação *da kharif*, tal como *a Rabi,* coincide também com o mês mais seco do ano (maio e junho). No entanto, a chuva das monções, que começa geralmente no início de julho e se prolonga até meados de setembro, mascara, em média, as condições de stress hídrico um pouco moderadas. Por vezes, uma pequena quantidade de precipitação em maio e devido ao início da monção (meados de junho) revela-se muito útil para superar a temperatura e satisfazer as necessidades de humidade. Embora a estação de crescimento da colheita de *Kharif* consista no mês mais quente (maio a agosto), os ventos da monção carregados de humidade mantêm a necessidade de evaporação da atmosfera baixa, aumentando a humidade atmosférica nas áreas que cobrem a metade norte, onde a precipitação da monção é eficaz.

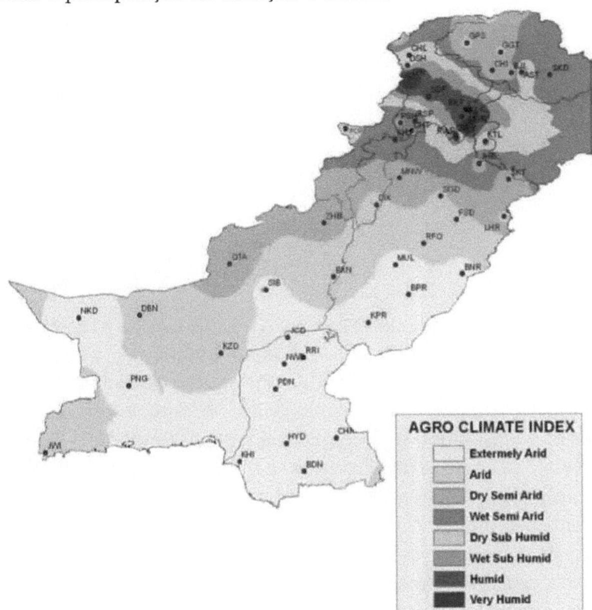

Fig. 4.13: Classificação climática com base no índice de humidade (%) durante a estação *Rabi* 1961-90

A metade sul do país recebe uma quantidade escassa de precipitação que é insuficiente para compensar a perda de humidade através da evapotranspiração devido à temperatura elevada e à atmosfera mais seca. A análise que se segue baseia-se no índice de humidade para o período anual, bem como para ambas as estações, durante 1961-90 e 1971-00. No período de 1961-90, toda a parte de Sindh, o sul do Punjab e as partes do sudoeste do Baluchistão, incluindo as regiões de Sibbi, permaneceram extremamente áridas, enquanto algumas partes do oeste e do noroeste do Alto Baluchistão registaram um clima árido a semiárido seco. Na parte superior do Punjab, no KP, nas zonas setentrionais e nas regiões de Caxemira, a maior parte das zonas apresenta um clima seco, semi-árido a húmido. As regiões de Murree e Dir apresentam caraterísticas muito húmidas durante esta estação. A análise mostra que as regiões meridionais do Paquistão permanecem extremamente áridas a áridas, enquanto quase todas as regiões setentrionais do país têm um clima favorável às culturas de *Rabi* quando semeadas em condições de sequeiro.

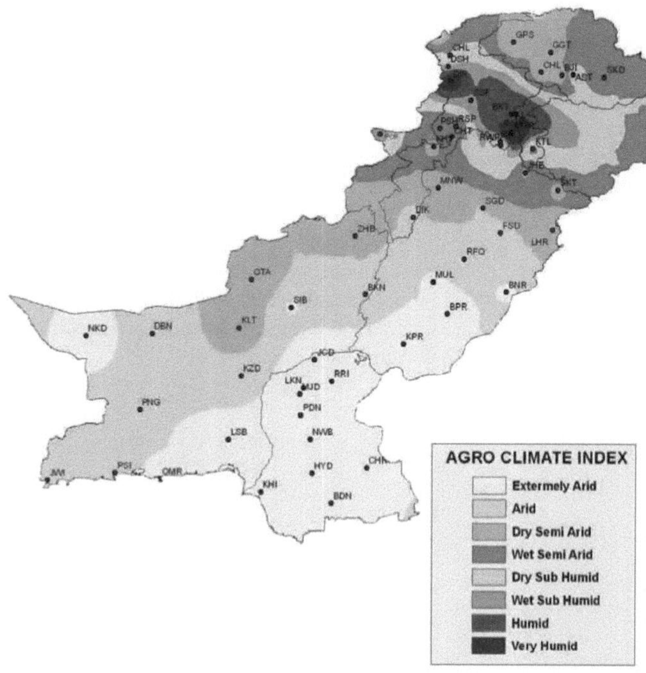

Fig. 4.14: Classificação climática com base no índice de humidade (%) durante a estação *Rabi* 1971-00

No período 1971-00, Sindh, o sul do Punjab (regiões de Khanpur e Bahawalpur e algumas partes de Multan, Bahawalnagar) e algumas regiões do Balochistan (Sibbi, Nokkundi e Lasbella) registaram um clima extremamente árido. Na parte superior do Punjab (exceto as regiões de Faisalabad e Sargodha), incluindo o planalto de Potohar, o KP (exceto D.I.Khan), as zonas setentrionais e as regiões de Caxemira, a maior parte das zonas apresenta um clima seco semi-árido a húmido, enquanto a maior parte das zonas apresenta um clima húmido semi-árido, tendo-se observado um certo aumento da humidade nas regiões húmidas. A região de Balakot é húmida, enquanto as regiões de Murree e Dir apresentam caraterísticas muito húmidas durante esta estação. A maior parte das regiões meridionais do país apresenta um clima extremamente árido a árido, enquanto a maior parte das regiões setentrionais apresenta condições semi-áridas húmidas.

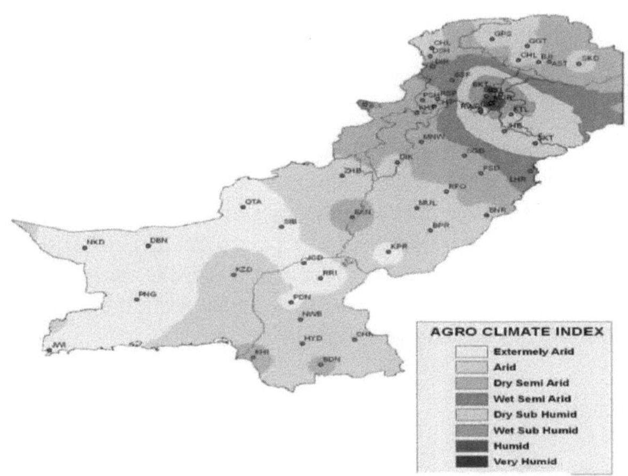

Fig. 4.15: Classificação climática com base no índice de humidade (%) durante a *estação Kharif* 1961-90

Durante o período de 1961-90, as partes oeste a sudoeste do Baluchistão, incluindo as regiões de Sibbi, e as partes norte a noroeste de Sindh (incluindo Rohri, Jacobabad e Padidan) permaneceram extremamente áridas, enquanto algumas partes sul a sudeste, norte a nordeste e noroeste do Baluchistão (incluindo as regiões de Khuzdar), o sul do Punjab (exceto a região de Khanpur) e a região inferior de Sindh (incluindo Chorr, Badin e Karachi) apresentam um clima árido a semi-árido. Na parte superior do Punjab, no KP (exceto D.I.Khan, que é árido) e nas regiões de Caxemira, a maior parte das regiões tem um clima seco semiárido a seco sub-húmido, enquanto as zonas setentrionais têm um clima árido a seco semiárido. Murree tem um clima muito húmido e Balakot tem um clima húmido. A análise mostra que a maior parte das regiões meridionais do Paquistão permanecem extremamente áridas a áridas, enquanto as regiões setentrionais apresentam tipos de clima semiárido a sub-húmido seco. O extremo norte do país tem um clima do tipo árido.

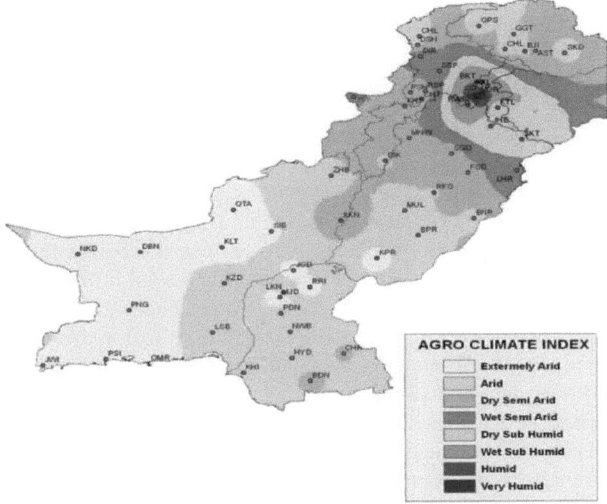

Fig. 4.16: Classificação climática com base no índice de humidade (%) durante a *estação Kharif* 1971-00

Entre 1971 e 2000, as zonas ocidental e sudoeste do Baluchistão, incluindo as regiões de Sibbi, algumas partes superiores de Sindh (Jacobabad, Rohri e Moenjo-daro) e o sul do

Punjab (Khanpur) registaram um clima extremamente árido. Na parte superior do Punjab, no KP, nas zonas setentrionais e nas regiões de Caxemira, a maior parte das regiões tem um clima de tipo árido a sub-húmido seco. A maior parte das regiões de leste a sudeste do KP, Potohar e Caxemira apresentam caraterísticas sub-húmidas durante esta estação. Balakot e Kakui são húmidos, enquanto Murree é o clima mais húmido durante esta estação. A análise mostra que a maior parte das regiões meridionais do Paquistão permanece extremamente árida a árida, enquanto quase todas as regiões setentrionais apresentam um clima seco, semi-árido a sub-húmido. As regiões do extremo norte do país permanecem áridas para as culturas *Kharif*. No entanto, as áreas da zona árida durante a estação *kharif* são cerca de 1015% inferiores às da estação *Rabi*. A área extremamente árida também diminuiu em comparação com a estação de crescimento das culturas *Rabi*.

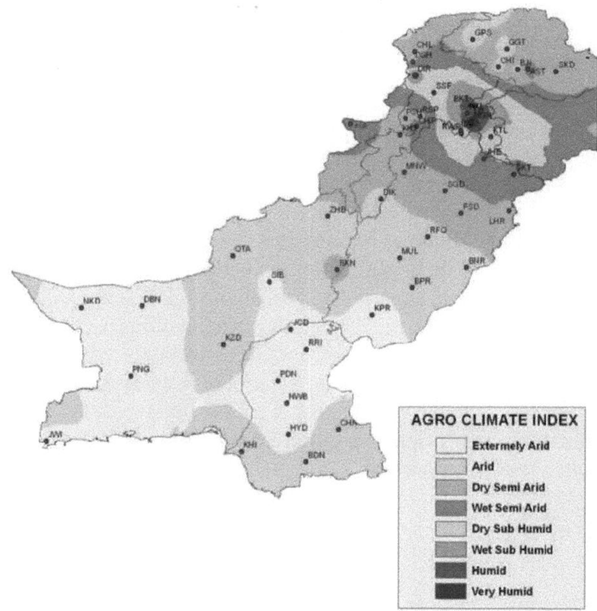

Fig. 4.17: Classificação climática anual com base no Índice de Humidade (%) durante 1961-90

Entre 1961 e 1990, as zonas ocidental e sudoeste do Baluchistão, incluindo as regiões de Sibbi, e as zonas central e norte-noroeste de Sindh (incluindo Hyderabad e Nawabshah) permaneceram extremamente áridas, enquanto algumas zonas sul-sudeste e norte-nordeste e noroeste do Baluchistão (incluindo as regiões de Khuzdar), o sul do Punjab (exceto a região de Khanpur) e a região inferior de Sindh (incluindo Chorr, Badin e Karachi) apresentam um clima árido. Nas regiões do Alto Punjab, KP e Caxemira, a maior parte das zonas tem um clima seco semiárido a seco sub-húmido, enquanto as zonas do norte têm um clima árido a seco semiárido. Murree tem um clima muito húmido, enquanto Balakot tem um clima húmido. A análise mostra que a maior parte das regiões meridionais do Paquistão continua a ser extremamente árida a árida, enquanto quase todas as regiões setentrionais apresentam um clima seco semiárido a seco sub-húmido.

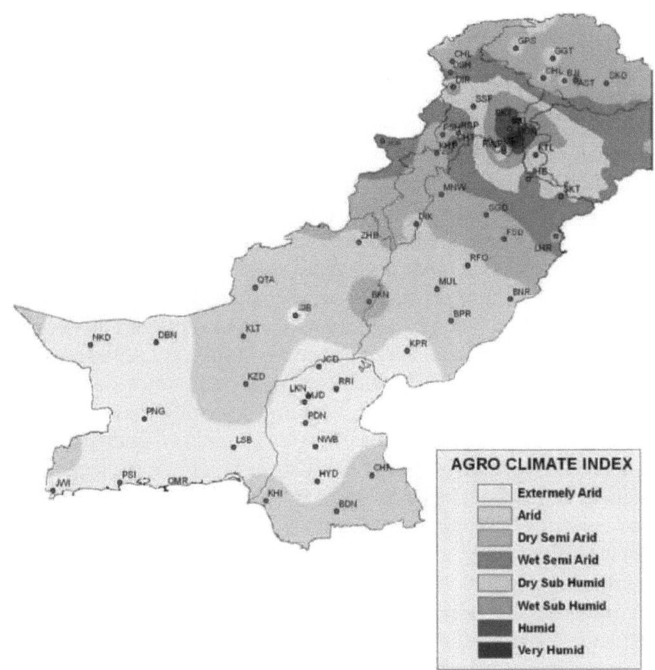

Fig. 4.18: Classificação climática anual com base no Índice de Humidade (%) durante 1971-00

Durante o período 1971-00, em geral, as condições do índice de humidade anual permanecem iguais às de 196190. No entanto, observou-se um certo aumento em quase todo o país, em que alguns índices de humidade aumentaram (o que significa que as condições se tornaram mais favoráveis). As regiões do sudoeste e do sul do Baluchistão, incluindo as regiões de Sibbi, e do norte e do noroeste do Sindh (incluindo Hyderabad e Nawabshah) e as regiões de Khanpur permanecem extremamente áridas, enquanto todas as regiões do Baluchistão (incluindo as regiões de Khuzdar), do sul do Punjab (exceto a região de Khanpur), da região do baixo Sindh (incluindo Chorr, Badin e Karachi) e do extremo norte (Gilgit, Gupis) apresentam um clima árido. Nas regiões superiores do Punjab, KP e Caxemira, a maior parte das zonas tem um clima seco semiárido a sub-húmido, enquanto as zonas setentrionais têm um clima seco semiárido. Murree tem um clima muito húmido e as regiões de Balakot, Kakul e Dir têm um clima húmido. A análise mostra que a maior parte das regiões meridionais do Paquistão permanece extremamente árida a árida, enquanto a quase totalidade das regiões setentrionais apresenta um clima seco semiárido a seco sub-húmido.

CAPÍTULO- 5

Necessidade de água

As necessidades hídricas são definidas como "o total de água por unidade de superfície exigido por uma cultura para o seu crescimento normal". As necessidades hídricas das culturas são definidas como "o total de água necessário para a evapotranspiração, desde a plantação até à colheita, para uma determinada cultura num regime climático específico, quando é mantida uma quantidade adequada de água no solo através da precipitação e/ou irrigação, de modo a não limitar o crescimento das plantas e o rendimento das culturas. A necessidade de água é a perda de água por evapotranspiração e é principalmente função de factores climáticos como a temperatura do ar, a radiação solar, a humidade relativa, a velocidade do vento, etc., e de factores agronómicos como o estádio de desenvolvimento da cultura. Raman e Murthi (1971) demonstraram que a cultura pode utilizar a humidade do solo quando a precipitação (P) > necessidades hídricas (WR) ou P > metade das WR, mas quando P < um quarto das WR ou um oitavo das WR, a cultura sofre de stress hídrico e o crescimento e o rendimento são afectados. Em condições húmidas, a cultura pode crescer em condições de sequeiro. Na zona moderadamente seca, a cultura necessita de irrigação suplementar e na zona seca necessita de irrigação adequada.

Durante os períodos húmidos e de humidade não há stress de humidade, mas quando a precipitação (P) está entre WR/2 e WR/4 as plantas começam a sofrer de seca e quando está abaixo disso. A cultura sofre um atraso, uma vez que a humidade disponível no solo desce abaixo (50%) do nível ótimo (Thornthwaite e Mater 1955).

As necessidades hídricas normais (1971-00), incluindo a contribuição da precipitação normal durante a estação de crescimento sazonal (*Rabi* e *Kharif*) e anual para o respetivo agroclima, são apresentadas nas figuras (5.1 a 5.3). As regiões húmidas (H) mostram as áreas onde a quantidade de precipitação é superior às necessidades hídricas das culturas, o que significa que a precipitação satisfaz 100% das necessidades hídricas das culturas. As zonas que apresentam uma situação húmida (M) representam o crescimento ótimo, ou seja, a precipitação satisfaz 50% das necessidades hídricas da cultura, o que corresponde a um crescimento razoável. O utilizador deve estar bem informado nestas zonas para ter em conta a distribuição da precipitação. Se for informalmente distribuída ao longo do mês, não há necessidade de irrigação. Caso contrário, para um período de seca que se estende por um período de quinze dias, especialmente durante as fases reprodutivas, a cultura deve ser irrigada de acordo com as suas necessidades de água. Em condições de seca moderada (MD) e seca (D), a irrigação deve ser efectuada para a manutenção adequada do crescimento da cultura. (Rasul; 1993)

Durante a estação *Rabi*, as necessidades hídricas das culturas permanecem satisfatórias de dezembro a março nas partes ocidental e noroeste do Baluchistão (regiões de Quetta, Zhob e Kalat), em todo o KP, nas zonas setentrionais, em Potohar e na região de Caxemira, mas devido à diminuição da precipitação, na maioria das regiões, observa-se um défice hídrico, especialmente no Baluchistão, onde não existe um sistema de irrigação adequado.

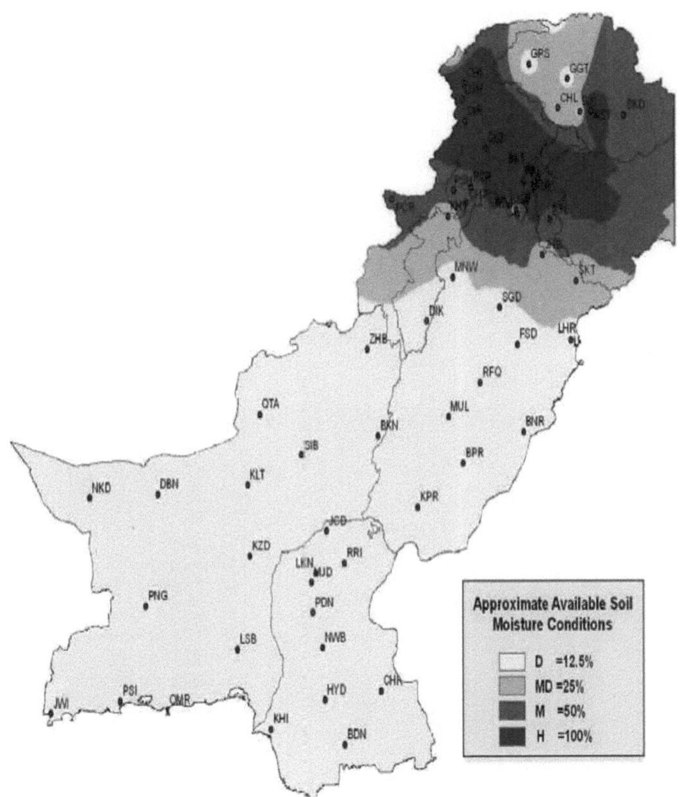

Fig. 5.1: Estado das necessidades de água durante a estação do *Rabi* 1971-00

Este aumento das necessidades hídricas das culturas desempenha um papel muito importante e diminui o rendimento das culturas de Rabi na maior parte das zonas de sequeiro. O mapa climático sazonal relativo às necessidades hídricas da cultura de *Rabi* mostra que a maior parte das zonas meridionais, incluindo algumas zonas superiores (como Sargodha, Lahore, Faisalabad, D.I.Khan e Mianwali, etc.) e algumas regiões do extremo norte (Gilgit, Gupis e Chillas, etc.) do país apresentam condições secas a moderadamente secas, sendo necessária uma irrigação adequada, ao passo que nas zonas setentrionais (regiões de KP, Potohar e Caxemira) do país, as necessidades hídricas permanecem satisfatórias durante toda a estação.

Durante a estação *da Kharif*, as necessidades de água das culturas permanecem satisfatórias de julho a setembro devido à estação das monções e superam as necessidades de evaporação em todo o país, exceto no Baluchistão. Devido à escassa precipitação da monção no Baluchistão (exceto em Barkhan e Zhob), não se observa qualquer estação *da quharifa* se for semeada em condições de sequeiro. Na parte meridional do país, as regiões de Sindh têm condições favoráveis durante a monção, enquanto a maior parte da província permanece seca, pelo que a cultura *da quaresma* não pode ser semeada em condições de sequeiro.

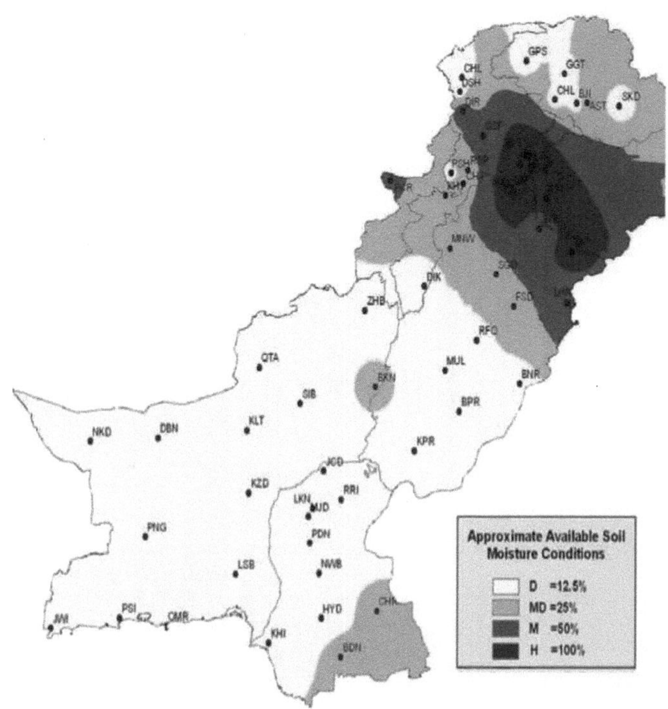

Fig. 5.2: Estado das necessidades de água durante a época *Kharif* 1971-00

As culturas *da Kharif*, como o algodão, a cana-de-açúcar, as leguminosas secas e o milho, são normalmente semeadas nas zonas do país onde as condições são adequadas e as necessidades de água continuam a ser satisfatórias. As necessidades de água e as condições são favoráveis para o algodão, como no sul do Punjab, enquanto as condições de potohar são favoráveis para o milho. Nas zonas altas do país, especialmente nas regiões de Sialkot e Gujranwala, o arroz é cultivado porque a quantidade de precipitação é satisfatória e a irrigação suplementar ultrapassa por vezes o problema do défice hídrico. As regiões de KP, Potohar e Caxemira também apresentam condições favoráveis para as culturas *da quaresma*, nomeadamente o milho, o amendoim, a cana-de-açúcar e as leguminosas. Na maior parte de Sindh, cultiva-se algodão e leguminosas. As culturas *kharif* têm um período curto, mas este período recebe muita precipitação devido à estação das monções. Por conseguinte, as culturas são semeadas em quase todo o país em regime de sequeiro ou de irrigação suplementar ou adequada.

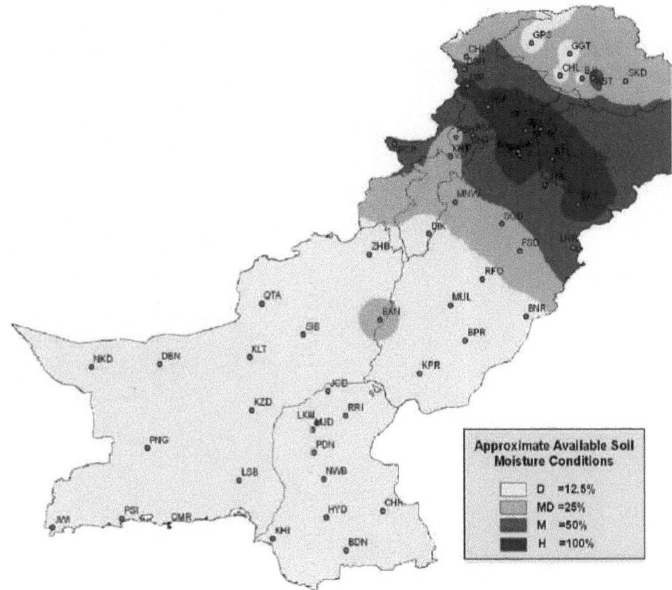

Fig. 5.3: Estado das necessidades anuais de água durante 1971-00

A necessidade anual de água mostra as áreas mais vulneráveis para ambas as estações onde a cultura pode ser cultivada em condições de sequeiro. A figura mostra que as regiões do norte do Paquistão (KP, Punjab superior e Caxemira) têm sempre condições favoráveis para as culturas quando cultivadas em condições de sequeiro. Enquanto o sul e o extremo norte do país necessitam de irrigação juntamente com a precipitação para cultivar as culturas em ambas as estações. As regiões situadas entre 32°N e 35°N têm condições adequadas para as culturas sazonais quando semeadas em condições de sequeiro, embora nalgumas partes do país seja necessária irrigação suplementar, como nas partes ocidentais do Baluchistão, nas zonas setentrionais e nas partes baixas de Sindh. O resto do país necessita de irrigação adequada para a sementeira de culturas sazonais.

CAPÍTULO-6

Dinâmica das zonas húmidas devido às alterações climáticas

As alterações climáticas tornaram-se agora um problema global e estão a afetar o mundo. O país em desenvolvimento, como o Paquistão, está também sob a ameaça de que até que ponto isso afecta o país e o sector agrícola, que é a espinha dorsal do país. A fim de satisfazer as necessidades da situação internacional, a análise é efectuada utilizando as normais climáticas (1961-90) e (1971-00) numa base anual e sazonal.

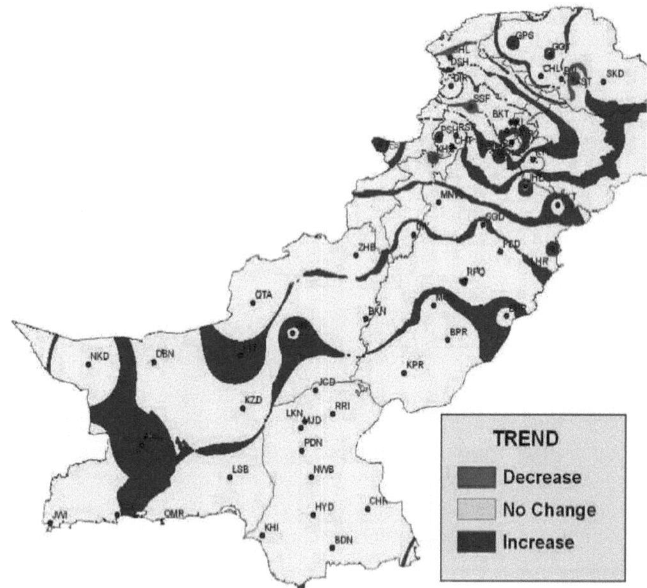

Fig. 6.1: Mudança dos regimes de humidade das condições médias em (1961-90) para (1971-00) durante a estação *Rabi*.

Durante a estação *Rabi*, observou-se que o índice de humidade aumentou e provocou uma mudança positiva em todo o país, especialmente no Baluchistão, onde a maioria das regiões extremamente áridas se transformou em áridas (Dalbandin, Jiwani, Sibbi e Panjgur). Na parte superior do Punjab (incluindo Pothor pleatue), no Baluchistão, nas regiões de Caxemira e nas zonas setentrionais, observou-se um aumento significativo devido ao facto de as zonas áridas se terem convertido em semi-áridas secas (Lahore, Kalat, Gupis, Chillas e Gilgit), o semiárido seco converteu-se em semiárido húmido (Jhelum e Peshawar), enquanto o semiárido húmido se transformou em sub-húmido (Islamabad, Rawalpindi, Kakul e Parachinar) e de húmido em muito húmido (Garhi Dupatta). O índice de humidade diminuiu ligeiramente em algumas regiões do país, como Astor, Kohat, Chitral e Saidu-Sharif. Mas esta diminuição não foi muito significativa, podendo afetar as culturas de *Rabi*. A quantidade de precipitação aumentou em comparação com as necessidades de evaporação, o que provocou este aumento, sendo a maior parte do aumento na direção sul, o que é um bom sinal para esta região. A tendência mostra que este aumento será contínuo.

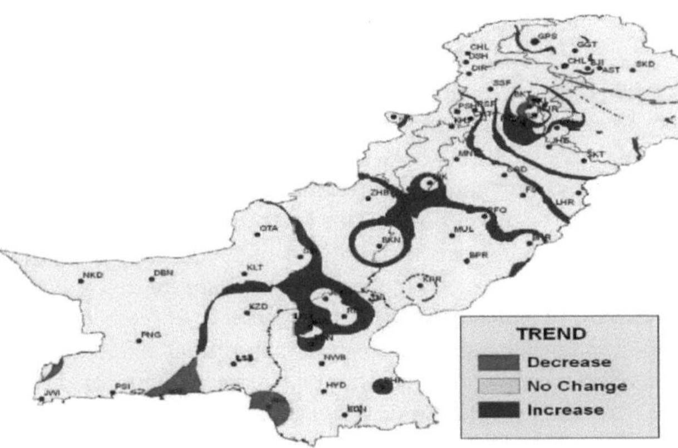

Fig. 6.2: Mudança dos regimes de humidade das condições médias em (1961-90) para (1971-00) durante a estação *Kharif*

Durante a estação *da colheita*, o índice de humidade aumentou na parte superior de Sindh, na parte oriental e em partes do Baluchistão, nas zonas setentrionais e nas regiões de Caxemira (Gupis, Skardu), onde o clima extremamente árido se transformou em árido. Em contrapartida, observou-se um aumento na parte superior do Punjab, incluindo a região de Potohar, em algumas partes do KP, nas zonas setentrionais e nas regiões de Caxemira. A maior parte deste aumento registou-se nas regiões de Barkhan, Islamabad e Rawalpindi. O índice de humidade diminuiu em algumas partes do sul do país, como Karachi (semiárido a árido seco), Ormara (extremamente árido a árido) e em partes do norte do país, como Garhi Dupatta (sub-húmido húmido a sub-húmido seco). A tendência revela um aumento para o sul do país, exceto nas zonas do sudoeste do Baluchistão.

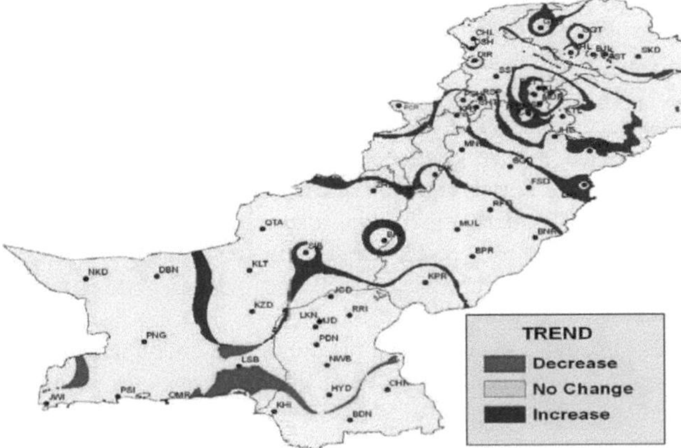

Fig. 6.3: Mudança dos regimes de humidade das condições médias em (1961-90) para (1971-00) numa base anual.

Com base na análise anual, observou-se que o índice de humidade aumentou no Baluchistão (Sibbi, Barkhan, Zhob), Punjab (Lahore, Sargodha, Sialkot, Murree, Rawalpindi, Islamabad), KP (Parachinar, Drosh, Balakot, Kakul, Garhi-Dupatta,) e na zona norte e nas regiões de Caxemira (Gupis, Gilgit, Chillas, Muzaffarabad), enquanto o índice de humidade diminuiu em algumas partes do sul do Baluchistão e de Sindh, especialmente nas regiões de Jiwani, Lasbella, Ormara, Karachi e Dir.

Conclusões

O Paquistão tem todos os tipos de clima, desde o extremamente árido (clima desértico) ao muito húmido (clima de floresta densa e chuvosa). Após a análise, são tiradas as seguintes conclusões;

• A região montanhosa tem caraterísticas climáticas de Semiárido a Extremo Árido de março a dezembro. Durante os meses de janeiro e fevereiro, estas áreas têm temperaturas mais baixas do que as outras partes do país e recebem a maior parte da precipitação no inverno devido a perturbações ocidentais, sob a forma de queda de neve. Devido a uma demanda evaporativa muito menor, mostra a caraterística dos tipos de clima húmido a muito húmido.

• A região sub-montanhosa tem caraterísticas maioritariamente húmidas de dezembro a março e de julho a agosto. Estas áreas são dominadas pelas perturbações do oeste e pelas monções e a maior parte da precipitação ocorre nas monções de verão. Durante os meses de abril a junho e setembro a novembro, prevalece um clima do tipo semi-árido a sub-húmido.

• As montanhas baixas ocidentais e o planalto do Baluchistão têm um clima extremamente árido a árido durante os meses de abril a novembro, enquanto o clima húmido semiárido a sub-húmido ocorre entre dezembro e março.

• As planícies férteis de Sindh e Punjab têm um clima extremamente árido a semi-árido húmido durante todo o ano.

• A análise sazonal *(Rabi, kharif)* e anual mostra que a região sub-montanhosa tem um clima semi-árido a húmido e que as necessidades de água das culturas também são satisfatórias (húmidas a molhadas). Assim, esta região é mais favorável tanto para as culturas sazonais como para as anuais, se cultivadas em condições de sequeiro.

• A tendência do índice de humidade está a aumentar lentamente e a avançar gradualmente para a parte sul do país, especialmente nas regiões do Baluchistão, enquanto que em algumas regiões do país o índice de humidade está a aumentar. Nas zonas meridionais de Sindh e nas zonas costeiras, está a diminuir. Infelizmente, 60-65% da área total situa-se na zona árida e uma pequena parte está sujeita a um clima húmido.

• A análise das necessidades hídricas sazonais e das condições de humidade mostra que, em condições de sequeiro e de irrigação suplementar, pode ser cultivada uma área dez a quinze por cento superior durante a *kharif* do que na *Rabi.*

• Este estudo também ajudará a investigar a seca na agricultura, que não é consistente ao longo do ano, uma vez que depende da seca meteorológica. Tornando-o um padrão climático normal, podemos explorar a variação da seca relacionando-a com as condições do mês atual.

• As alterações climáticas são um problema mundial e têm impacto em todo o globo. No entanto, têm alguma influência positiva no Paquistão em termos de condições de humidade para o sector agrícola, onde quase 10% da área extremamente árida da área árida total se converteu em área árida.

• Para a produção de culturas alimentares, a água é o principal fator limitante nas zonas áridas e semi-áridas, ao passo que o excesso de chuvas é a principal limitação nas zonas sub-húmidas e húmidas. A zona mais adequada, onde as necessidades de água são também satisfatórias, situa-se quase entre as latitudes 32°N e 35°N. Esta é a região onde a produção alimentar é possível em condições de sequeiro. Acima e abaixo destas latitudes, a produção agrícola é impossível, a menos que seja disponibilizada irrigação suplementar/adequada. Se as águas pluviais durante as monções de inverno e de verão forem preservadas, especialmente as chuvas de inverno no Baluchistão, é possível cultivar muitas zonas áridas com irrigação suplementar ou adequada.

*   A maior parte do Baluchistão tem apenas uma estação de colheita, ou seja, *Rabi*, e nas zonas de sequeiro dessas regiões observa-se stress hídrico na fase de floração das culturas (normalmente entre o final de março e meados de abril), devido ao qual o rendimento das culturas é afetado. Na altura da floração, a cultura necessita de mais água (as necessidades hídricas da cultura são superiores), mas devido à baixa humidade, à menor quantidade de precipitação e à temperatura e ET_o mais elevadas, observa-se normalmente um stress hídrico e as culturas podem não ser capazes de produzir um melhor rendimento. Este problema pode ser ultrapassado através do armazenamento adequado da água da chuva nestas regiões e também noutras partes do país, que recebem uma maior quantidade de chuva para dar uma boa resposta de rendimento.

Referências:

. Blaney, H.F. & Criddle, W.D.1950: Determinação das necessidades de água em áreas irrigadas a partir de dados climatológicos e de irrigação USDA (SCS) TP-96, PP.48.

. Budyako, M.K.1956: Balanço de calor pela superfície da terra. Washington. D.C., USWB.

. Chaudhry, Q.Z.1992: Analysis and Seasonal prediction of Pakistan Summer Monsoon Rainfall, Ph.D. Thesis, Univ. of Philippines, Quezon City, Philippines.

. Chaudhry, Q.Z. e Rasul, G. 2004: Agroclimatic Classification of Pakistan, Science Vision (Vol.9, No.1-2&3-4), (July-Dec, 2003 &Jan-Jun, 2004), Page.59.

. Chaudhry, Q.Z., Sheikh, M. M., Bari, A., Hayat, A. 2001: History's Worst Drought Conditions Prevailed over Pakistan. http://www.pakmet.com.pk/journal/historyworstdrought2001report.htm. Acedido em 20 de junho de 2007.

. Normal Climática (1961-90) do Paquistão. 1995: Departamento Meteorológico do Paquistão. Karachi.

. Normal climática (1971-2000) do Paquistão. 2005: Departamento Meteorológico do Paquistão. Karachi.

. Doorenbos, J. 1992: Guide Line for Predicting Crop Water Requirements FAO, 24.Rome

. Eagleman, J.R.1976: The visualization of climate. Lexington Books, D.C.Heat & Co. Toronto.

Elshamy, M.E., Wheater, H.S., Gedney, N., Huntingford, C. 2006: Avaliação da componente de precipitação de um gerador meteorológico para estudos de impacto climático: Journal ofHydrology 326, 1-24.

Fowler, A.M. e Hennessy, K.J. 1995: Potential impacts of global warming on the frequency and magnitude ofheavy precipitation. Natural Hazards 11, 283-303.

Cimeira Mundial da Montanha.2002: Bishkek, Quirguistão,

. Good, R.1953: Geography of flowering.

.GoP. 2004: Inquérito Económico do Paquistão (2003-04), Ministério das Finanças, Governo do Paquistão, Paquistão

.GoP. 2006: Year Book, Ministério da Alimentação e da Agricultura (MINFAL), Islamabad, Paquistão.

Hennessy, K.J., Gregory, J.M. e Mitchell, J.F.B. 1997: Changes in daily precipitation under enhanced greenhouse conditions. Climate Dynics 13, 667-680.

Hargreaves, G.H. 1974: Zoneamento climático para a produção agrícola no nordeste do Brasil, Utah. State Univ.USAID-ContractNo. Aid/CSO 2167, PP.16.

Hashemi, F; Smith, G.W. & Habibian, M.T.1981: Inadequações do sistema de classificação climatológica em equações análogas agroclimáticas alternativas sugeridas. Agric. Meteorol.24:157-173 Meteorol.

Hussain, S.S., e Mudasser, M. 2004: Prospects for wheat production under changing climate in mountain areas of Pakistan-An econometric analysis. Water International, 2004 (Vol. 29) (No. 2) 189-200.

IPCC. 2001: Climate Change (2001). A base científica. In: Houghton, J.T, et al (editores): Third Assessment Report of the Intergovernmental Panel on Climate Change (Terceiro Relatório de Avaliação do Painel Intergovernamental sobre Alterações Climáticas). 881pp.

IPCC. 2005: WGIII Workshop on New Emission Scenarios, 29 de junho-1st julho de 2005, Laxenburg, Áustria.

Koppen, W.1936: Das geopraphic system der Klimate. Em Koppen, W. & Giner R.(Ed), Handbunch der Klimatologie, Vol.1.Part. C.

Kumar S. e Dobhal, D.P.1997: Climatic effects and bed rock control on rapid fluctuations of Chhota Shigri glacier, northwest Himalaya, India. Journal of Glaciology, Vol. 43, No. 145, pp. 467-72.

Meher-Homji, B.J. 1962: Phyto-geographical studies of semi-arid regions of Indiana. Tese de doutoramento. Univ. ofBombay, Bombaim, Índia.

Papadakis, J.1975: O clima do mundo e as suas totalidades agrícolas. Córdoba, Espanha.

Rasul, G.1993: Necessidade de água da cultura do trigo no Paquistão. Journals of energy and applied sciences, Vol.12, No.2, julho-dezembro, 1993.

Rees, H.G., Collins, D.N., Shrestha, A.B., Hasnain, S. I., Rajesh, K e Musgrave, H. 2005: An assessment of the potential impacts of climate change induced glacier retreat on Himalayan river flows: Mountain Research Development (MRD) Vol. 25, No 4 (No prelo).

Reddy, S.J. & Reddy, R.S. 1973: Um novo método de estimativa do balanço hídrico. Int. symp. On trop. Meteorol. Encontro Amer. Met. Soc; Nairobi, Quénia, PP.277280.

Shamshad, K.M. 1988: The Meteorology of Pakistan, First Edition, Royal Book Company Publishers.

Srinivas, K., Kumar, P.K.D. 2006: Forçamento atmosférico na variabilidade sazonal do nível do mar em Cochin, costa sudoeste da Índia. Continental Shelf Research, 26, 1113-1133.

Thornthwaite, C.W. 1948: an approach towards rational classification of climate Geogr.Rev.38:55-64.

Thornthwaite, C.W & Mather. 1955: The water budget and its use in J.R. J.R. 1955 irrigation. In water, the year book of agricultural.

ONU.2004: Edição da Crónica das Nações Unidas em linha, volume XXXIX, 3 de novembro de 2004. Ano Internacional das Montanhas - O aquecimento global desencadeia a ameaça de inundação dos lagos.

Willsie, C.P. & Shaw, R.H. 1954: Crop Adaptation and climate Adv. Agron., 6: 199-252.

Anexo

Anexo-1: Percentagem média anual de horas diurnas anuais. p-Valores

Latitude norte Latitude sul*	Jan Jul	Fev agosto	Mar setembro	abril outubro	maio Nov	Jun Dez	Jul Jan	Ago Fev	setembro Mar	outubro abril	Nov maio	Dez Jun
60	0.15	0.20	0.26	0.32	0.38	0.41	0.40	0.34	0.28	0.22	0.17	0.13
58	0.16	0.21	0.26	0.32	0.37	0.40	0.39	0.34	0.28	0.23	0.18	0.15
56	0.17	0.21	0.26	0.32	0.36	0.39	0.38	0.33	0.28	0.23	0.18	0.16
54	0.18	0.22	0.26	0.31	0.36	0.38	0.37	0.33	0.28	0.23	0.19	0.17
52	0.19	0.23	0.27	0.31	0.35	0.37	0.36	0.33	0.28	0.24	0.20	0.17
50	0.19	0.23	0.27	0.31	0.34	0.36	0.35	0.32	0.28	0.24	0.20	0.18
48	0.20	0.23	0.27	0.31	0.34	0.36	0.35	0.32	0.28	0.24	0.21	0.19
46	0.20	0.24	0.27	0.30	0.34	0.35	0.34	0.32	0.28	0.24	0.21	0.20
44	0.21	0.24	0.27	0.30	0.33	0.35	0.34	0.31	0.28	0.25	0.22	0.20
42	0.21	0.24	0.27	0.30	0.33	0.34	0.33	0.31	0.28	0.25	0.22	0.21
40	0.22	0.24	0.27	0.30	0.32	0.34	0.33	0.31	0.28	0.25	0.22	0.21
35	0.23	0.25	0.27	0.29	0.31	0.32	0.32	0.30	0.28	0.25	0.23	0.22
30	0.24	0.25	0.27	0.29	0.31	0.32	0.31	0.30	0.28	0.26	0.24	0.23
25	0.24	0.26	0.27	0.29	0.30	0.31	0.31	0.29	0.28	0.26	0.25	0.24
20	0.25	0.26	0.27	0.28	0.29	0.30	0.30	0.29	0.28	0.26	0.25	0.25
15	0.26	0.26	0.27	0.28	0.29	0.29	0.29	0.28	0.28	0.27	0.26	0.25
10	0.26	0.27	0.27	0.28	0.28	0.29	0.29	0.28	0.28	0.27	0.26	0.26
5	0.27	0.27	0.27	0.28	0.28	0.28	0.28	0.28	0.28	0.27	0.27	0.27
0	0.27	0.27	0.27	0.27	0.27	0.27	0.27	0.27	0.27	0.27	0.27	0.27

Nota: * Latitude sul: aplicar a diferença de 6 meses conforme indicado

Anexo-2 : Duração média diária das horas de sol máximas possíveis (N) para diferentes meses e latitudes.

Latitude norte Latitude sul	Jan Jul	Fev agosto	Mar setembro	abril outubro	maio Nov	Jun Dez	Jul Jan	Ago Fev	setembro Mar	outubro abril	Nov maio	Dez Jun
50	8.5	10.1	11.8	13.8	15.4	16.3	15.9	14.5	12.7	10.8	9.1	8.1
48	8.8	10.2	11.8	13.6	15.2	16.0	15.6	14.3	12.6	10.9	9.3	8.3
46	9.1	10.4	11.9	13.5	14.9	15.7	15.4	14.2	12.6	10.9	9.5	8.7

44	9.3	10.5	11.9	13.4	14.7	15.4	15.2	14.0	12.6	11.0	9.7	8.9
42	9.4	10.6	11.9	13.4	14.6	15.2	14.9	13.9	12.6	11.1	9.8	9.1
40	9.6	10.7	11.9	13.3	14.4	15.0	14.7	13.7	12.5	11.2	10.0	9.3
35	10.1	11.0	11.9	13.1	14.0	14.5	14.3	13.5	12.4	11.3	10.3	9.8
30	10.4	11.1	12.0	12.9	13.6	14.0	13.9	13.2	12.4	11.5	10.6	10.2
25	10.7	11.3	12.0	12.7	13.3	13.7	13.5	13.0	12.3	11.6	10.9	10.6
20	11.0	11.5	12.0	12.6	13.1	13.3	13.2	12.8	12.3	11.7	11.4	11.2
15	11.3	11.6	12.0	12.5	12.8	13.0	12.9	12.6	12.2	11.8	11.4	11.2
10	11.6	11.8	12.0	12.3	12.6	12.7	12.6	12.4	12.1	11.8	11.6	11.5
5	11.8	11.9	12.0	12.2	12.3	12.4	12.3	12.3	12.1	12.0	11.9	11.8
0	12.1	12.1	12.1	12.1	12.1	12.1	12.1	12.1	12.1	12.1	12.1	12.1

Anexo-3: Medição da evapotranspiração (ETo)

f-valores	R. Humidade <20% & n/N(.3-.6)			Humidade R. (20-50)% & n/N(.3-.6)			R. Humidade >50% & n/N(.3-.6)		
	ETo = Uday<2m s	ETo = Uday (2-5)m/s	ETo = Uday>5 m/s	ETo = Uday<2 m/s	ETo = Uday (2-5)m/s	ETo = Uday >5m/s	ETo = Uday<2 m/s	ETo = Uday (2-5)m/s	ETo Uday >5m/s
2.0	0.70	1.10	1.40	0.50	0.?0	0.90	0.10	0.30	0.40
2.1	0.8?	1.?4	1.56	0.61	0.8?	1.03	0.19	0.40	0.50
2.2	0.94	1.38	1.71	0.??	0.94	1.1?	0.?9	0.49	0.60
2.3	1.0?	1.5?	1.8?	0.83	1.0?	1.30	0.38	0.59	0.?1
2.4	1.19	1.66	?.03	0.94	1.19	1.43	0.4?	0.68	0.81
2.5	1.31	1.80	?.19	1.05	1.31	1.5?	0.5?	0.?8	0.91
2.6	1.43	1.94	?.34	1.16	1.43	1.?0	0.66	0.88	1.01
2.7	1.55	?.08	?.50	1.??	1.55	1.83	0.?5	0.9?	1.11
2.8	1.68	?.??	?.66	1.38	1.68	1.96	0.84	1.0?	1.??
2.9	1.80	?.36	?.81	1.49	1.80	?.10	0.94	1.16	1.3?
3.0	1.9?	?.50	?.9?	1.60	1.9?	?.?3	1.03	1.?6	1.4?
3.1	2.04	?.64	3.13	1.?1	?.04	?.36	1.1?	1.36	1.5?
3.2	2.16	?.?8	3.?8	1.8?	?.16	?.50	1.??	1.45	1.6?
3.3	?.?9	?.9?	3.44	1.93	?.?9	?.63	1.31	1.55	1.?3

3.4	?.41	3.06	3.60	?.04	?.41	?.?6	1.40	1.64	1.83
3.5	?.53	3.?0	3.?6	?.15	?.53	?.90	1.50	1.?4	1.93
3.6	?.65	3.34	3.91	?.?6	?.65	3.03	1.59	1.84	?.03
3.7	?.??	3.48	4.0?	?.3?	?.??	3.16	1.68	1.93	?.13
3.8	?.90	3.6?	4.?3	?.48	?.90	3.?9	1.??	?.03	?.?4
3.9	3.0?	3.76	4.38	?.59	3.0?	3.43	1.8?	?.1?	?.34
4.0	3.14	3.90	4.54	?.?0	3.14	3.56	1.96	?.??	?.44
4.1	3.?6	4.04	4.?0	?.81	3.?6	3.69	?.05	?.3?	?.54
4.2	3.38	4.18	4.85	?.9?	3.38	3.83	?.15	?.41	?.64
4.3	3.51	4.3?	5.01	3.03	3.51	3.96	?.?4	?.51	?.?5
4.4	3.63	4.46	5.17	3.14	3.63	4.09	?.33	?.60	?.85
4.5	3.75	4.60	5.33	3.?5	3.75	4.?3	?.43	?.70	?.95
4.6	3.87	4.74	5.48	3.36	3.87	4.36	?.5?	?.80	3.05
4.7	3.99	4.88	5.64	3.47	3.99	4.49	?.61	?.89	3.15
4.8	4.1?	5.0?	5.80	3.58	4.1?	4.6?	?.70	?.99	3.?6
4.9	4.24	5.16	5.95	3.69	4.?4	4.76	?.80	3.08	3.36
5.0	4.36	5.30	6.11	3.80	4.36	4.89	?.89	3.18	3.46
5.1	4.48	5.44	6.?7	3.91	4.48	5.0?	?.98	3.?8	3.56
5.2	4.60	5.58	6.4?	4.0?	4.60	5.16	3.08	3.37	3.66
5.3	4.73	5.7?	6.58	4.13	4.73	5.?9	3.17	3.47	3.77
5.4	4.85	5.86	6.74	4.?4	4.85	5.4?	3.?6	3.56	3.87
5.5	4.97	6.00	6.90	4.35	4.97	5.56	3.36	3.66	3.97
5.6	5.09	6.14	7.05	4.46	5.09	5.69	3.45	3.76	4.07
5.7	5.?1	6.?8	7.?1	4.57	5.?1	5.8?	3.54	3.85	4.17
5.8	5.34	6.4?	7.37	4.68	5.34	5.95	3.63	3.95	4.?8
5.9	5.46	6.56	7.5?	4.79	5.46	6.09	3.73	4.04	4.38
6.0	5.58	6.70	7.68	4.90	5.58	6.??	3.8?	4.14	4.48
6.1	5.70	6.84	7.84	5.01	5.70	6.35	3.91	4.?4	4.58
6.2	5.8?	6.98	7.99	5.1?	5.8?	6.49	4.01	4.33	4.68
6.3	5.95	7.1?	8.15	5.?3	5.95	6.6?	4.10	4.43	4.79
6.4	6.07	7.?6	8.31	5.34	6.07	6.75	4.19	4.5?	4.89
6.5	6.19	7.40	8.47	5.45	6.19	6.89	4.?9	4.6?	4.99
6.6	6.31	7.54	8.6?	5.56	6.31	7.0?	4.38	4.7?	5.09
6.7	6.43	7.68	8.78	5.67	6.43	7.15	4.47	4.81	5.19
6.8	6.56	7.8?	8.94	5.78	6.56	7.?8	4.56	4.91	5.30

6.9	6.68	7.96	9.09	5.89	6.68	7.4?	4. 66	5.00	5.40
7.0	6.80	8.10	9.?5	6.00	6.80	7.55	4.75	5.10	5.50
7.1	6.9?	8.?4	9.41	6.11	6.9?	7.68	4.84	5.?0	5.60
7.2	7.04	8.38	9.56	6.??	7.04	7.8?	4.94	5.?9	5.70
7.3	7.17	8.5?	9.7?	6.33	7.17	7.95	5.03	5.39	5.81
7.4	7.?9	8. 66	9.88	6.44	7.?9	8.08	5.1?	5.48	5.91
7.5	7.41	8.80	10.04	6.55	?.41	8.22	5.22	5.58	6.01
7.6	7.53	8.94	10.19	6.66	?.53	8.35	5.31	5.68	6.11
7.7	7.65	9.08	10.35	6.??	?.65	8.48	5.40	5.??	6.21
7.8	7.78	9.22	10.51	6.88	?.78	8.61	5.49	5.8?	6.32
7.9	7.90	9.36	10.66	6.99	?.90	8.?5	5.59	5.96	6.42
8.0	8.02	9.50	10.82	7.10	8.02	8.88	5.68	6.06	6.52

Anexo-4: Medição da evapotranspiração (ETo)

f-valores	R. Humidade <(20)% & n/N(.6-.8)			R. Humidade (20-50)% & n/N(.6-.8)			R. Humidade >(50)% & n/N(.6-.8)		
	ETo = Uday<2 m/s	ETo = Uday (2-5)m/s	ETo = Uday >5m/s	ETo = Uday<2 m/s	ETo = Uday (2-5)m/s	ETo = Uday>5 m/s	ETo = Uday<2 m/s	ETo = Uday (2-5)m/s	ETo = Uday>5 m/s
2.0	0.90	1.30	1.90	0.50	1.00	1.2?	0.24	0.45	0.?0
2.1	1.04	1.4?	2.09	0.63	1.14	1.42	0.35	0.56	0.82
2.2	1.18	1.63	2.2?	0.?6	1.28	1.58	0.45	0.68	0.94
2.3	1.33	1.80	2.46	0.89	1.43	1.?3	0.56	0.?9	1.05
2.4	1.4?	1.96	2.65	1.02	1.5?	1.89	0.66	0.90	1.1?
2.5	1.61	2.13	2.84	1.15	1.?1	2.04	0.??	1.02	1.29
2.6	1.75	2.29	3.02	1.2?	1.85	2.19	0.8?	1.13	1.41
2.7	1.89	2.46	3.21	1.40	1.99	2.35	0.98	1.24	1.53
2.8	2.04	2.62	3.40	1.53	2.14	2.50	1.08	1.35	1.64
2.9	2.18	2.?9	3.58	1.66	2.28	2.66	1.19	1.4?	1.?6
3.0	2.32	2.95	3.??	1.?9	2.42	2.81	1.29	1.58	1.88
3.1	2.46	3.12	3.96	1.92	2.56	2.96	1.40	1.69	2.00
3.2	2.60	3.28	4.14	2.05	2.?0	3.12	1.50	1.81	2.12
3.3	2.?5	3.45	4.33	2.18	2.85	3.2?	1.61	1.92	2.23
3.4	2.89	3.61	4.52	2.31	2.99	3.43	1.?1	2.03	2.35

3.5	3.03	3.?8	4.?1	2.44	3.13	3.58	1.82	2.15	2.4?
3.6	3.1?	3.94	4.89	2.56	3.2?	3.?3	1.92	2.26	2.59
3.7	3.31	4.11	5.08	2.69	3.41	3.89	2.03	2.3?	2.?1
3.8	3.46	4.2?	5.2?	2.82	3.56	4.04	2.13	2.48	2.82
3.9	3.60	4.44	5.45	2.95	3.?0	4.20	2.24	2.60	2.94
4.0	3.?4	4.60	5.64	3.08	3.84	4.35	2.34	2.?1	3.06
4.1	3.88	4.??	5.83	3.21	3.98	4.50	2.45	2.82	3.18
4.2	4.02	4.93	6.01	3.34	4.12	4.66	2.55	2.94	3.30
4.3	4.1?	5.10	6.20	3.4?	4.2?	4.81	2.66	3.05	3.41
4.4	4.31	5.26	6.39	3.60	4.41	4.9?	2.?6	3.16	3.53
4.5	4.4S	S.43	6.S8	3.?3	4.SS	S.1?	?.8?	3.?8	3.6S
4.6	4.S9	S.S9	6.?6	3.8S	4.69	S.??	?.9?	3.39	3.??
4.7	4.73	S.?6	6.9S	3.98	4.83	S.43	3.08	3.S0	3.89
4.8	4.88	S.9?	?.14	4.11	4.98	S.S8	3.18	3.61	4.00
4.9	5.Q2	6.09	?.3?	4.?4	S.1?	S.?4	3.?9	3.?3	4.1?
5.0	5.16	6.?S	?.S1	4.3?	S.?6	S.89	3.39	3.84	4.?4
5.1	S.30	6.4?	?.?0	4.S0	S.40	6.04	3.S0	3.9S	4.36
5.2	S.44	6.S8	?.88	4.63	S.S4	6.?0	3.60	4.0?	4.48
5.3	S.S9	6.?S	8.0?	4.?6	S.69	6.3S	3.?1	4.18	4.S9
5.4	S.?3	6.91	8.?6	4.89	S.83	6.S1	3.81	4.?9	4.?1
5.5	S.8?	?.08	8.4S	S.0?	S.9?	6.66	3.9?	4.41	4.83
5.6	6.01	?.?4	8.63	S.14	6.11	6.81	4.0?	4.S?	4.9S
5.7	6.1S	?.41	8.8?	S.??	6.?S	6.9?	4.13	4.63	S.0?
5.8	6.30	?.S?	9.01	S.40	6.40	?.1?	4.?3	4.?4	S.18
5.9	6.44	?.?4	9.19	S.S3	6.S4	?.?8	4.34	4.86	S.30
6.0	6.S8	?.90	9.38	S.66	6.68	?.43	4.44	4.9?	S.4?
6.1	6.??	8.0?	9.S?	S.?9	6.8?	?.S8	4.SS	S.08	S.S4
6.2	6.86	8.?3	9.?S	S.9?	6.96	?.?4	4.6S	S.?0	S.66
6.3	?.01	8.40	9.94	6.0S	?.11	?.89	4.?6	S.31	S.??
6.4	?.1S	8.S6	10.13	6.18	?.?S	8.0S	4.86	S.4?	S.89
6.5	?.?9	8.?3	10.3?	6.30	?.39	8.?0	4.9?	S.S4	6.01
6.6	?.43	8.89	10.S0	6.43	?.S3	8.3S	S.0?	S.6S	6.13
6.7	?.s?	9.06	10.69	6.S6	?.6?	8.S1	S.18	S.?6	6.?S
6.8	?.??	9.??	10.88	6.69	?.8?	8.66	S.?8	S.8?	6.36
6.9	?.86	9.38	11.06	6.8?	?.96	8.8?	S.39	S.99	6.48

7.0	8.00	9.SS	11.?S	6.9S	8.10	8.9?	S.49	6.10	6.60
7.1	8.14	9.?1	11.44	? 08	8.?4	9.1?	S.60	6.?1	6.??
7.2	8.28	9.88	11.6?	?.?1	8.38	9.?8	S.?0	6.33	6.84
7.3	8.43	10.0S	11.81	? 34	8.S3	9.43	S.81	6.44	6.9S
7.4	8.S?	10.?1	1?.00	?.4?	8.6?	9.S9	S.91	6.SS	?.0?
7.5	8.?1	10.38	1?.19	? S9	8.81	9.?4	6.0?	6.6?	?.19
7.6	8.85	10.54	12.37	7.72	8.95	9.89	6.12	6.78	7.31
7.7	8.99	10.71	12.56	7.85	9.09	10.05	6.23	6.89	7.43
7.8	9.14	10.87	12.75	7.S8	9.24	10.20	6.33	7.00	7.54
7.9	9.28	11.04	12.93	8.11	9.38	10.36	6.44	7.12	7.66
8.0	9.42	11.20	13.12	8.24	9.52	10.51	6.54	7.23	7.78

Anexo-5: Medição da evapotranspiração (ETo)

f-valores	R.Humidade <(20)% & n/N>(.8)			R. Humidade (20-50)% & n/N>(.8)			R.Humidade >(50)% & n/N>(.8)		
	$ETo = Uday<2m/s$	$ETo = Uday\,(2\text{-}5)\,m/s$	$ETo = Uday>5m/s$	$ETo = Uday<2\,m/s$	$ETo = Uday\,(2\text{-}5)\,m/s$	$ETo = Uday>5\,m/s$	$ETo = Uday<2\,m/s$	$ETo = Uday\,(2\text{-}5)\,m/s$	$ETo = Uday>5\,m/s$
2.0	1.10	1.60	2.10	0.80	1.20	1.50	0.40	0.60	0.90
2.1	1.26	1.78	2.31	0.95	1.36	1.67	0.52	0.73	1.04
2.2	1.42	1.96	2.51	1.09	1.52	1.85	0.63	0.85	1.17
2.3	1.58	2.14	2.72	1.24	1.68	2.02	0.75	0.98	1.31
2.4	1.74	2.32	2.92	1.39	1.84	2.19	0.87	1.10	1.44
2.5	1.91	2.50	3.13	1.54	2.00	2.37	0.99	1.23	1.58
2.6	2.07	2.67	3.33	1.68	2.16	2.54	1.10	1.35	1.72
2.7	2.23	2.85	3.54	1.83	2.32	2.71	1.22	1.48	1.85
2.8	2.39	3.03	3.74	1.98	2.48	2.88	1.34	1.60	1.99
2.9	2.55	3.21	3.95	2.12	2.64	3.06	1.45	1.73	2.12
3.0	2.71	3.39	4.15	2.27	2.80	3.23	1.57	1.85	2.26
3.1	2.87	3.57	4.36	2.42	2.96	3.40	1.69	1.98	2.40
3.2	3.03	3.75	4.56	2.56	3.12	3.58	1.80	2.10	2.53
3.3	3.19	3.93	4.77	2.71	3.28	3.75	1.92	2.23	2.67
3.4	3.35	4.11	4.97	2.86	3.44	3.92	2.04	2.35	2.80
3.5	3.52	4.29	5.18	3.01	3.60	4.10	2.16	2.48	2.94

3.6	3.68	4.46	5.38	3.15	3.76	4.27	2.27	2.60	3.08
3.7	3.84	4.64	5.59	3.30	3.92	4.44	2.39	2.73	3.21
3.8	4.00	4.82	5.79	3.45	4.08	4.61	2.51	2.85	3.35
3.9	4.16	5.00	6.00	3.59	4.24	4.79	2.62	2.98	3.48
4.0	4.32	5.18	6.20	3.74	4.40	4.96	2.74	3.10	3.62
4.1	4.48	5.36	6.41	3.89	4.56	5.13	2.86	3.23	3.76
4.2	4.64	5.54	6.61	4.03	4.72	5.31	2.97	3.35	3.89
4.3	4.80	5.72	6.82	4.18	4.88	5.48	3.09	3.48	4.03
4.4	4.96	5.90	?.0?	4.33	5.04	5.65	3.?1	3.60	4.16
4.5	5.13	6.0S	?.?3	4.4S	5.?0	5.S3	3.33	3.?3	4.30
4.6	5.29	6.?5	?.43	4.6?	5.36	6.00	3.44	3.85	4.44
4.?	5.45	6.43	?.64	4.??	5.5?	6.1?	3.56	3.9S	4.5?
4.8	5.61	6.61	?.S4	4.9?	5.6S	6.34	3.6S	4.10	4.?1
4.9	5.??	6.?9	S.05	5.06	5.S4	6.5?	3.?9	4.?3	4.S4
5.0	5.93	6.9?	S.?5	5.?1	6.00	6.69	3.91	4.35	4.9S
5.1	6.09	?.15	S.46	5.36	6.16	6.S6	4.03	4.4S	5.1?
5.?	6.?5	?.33	S.66	5.50	6.3?	?.04	4.14	4.60	5.?5
5.3	6.41	?.51	S.S?	5.65	6.4S	?.?1	4.?6	4.?3	5.39
5.4	6.5?	?.69	9.0?	5.S0	6.64	?.3S	4.3S	4.S5	5.5?
5.5	6.?3	?.S?	9.?S	5.95	6.S0	?.56	4.50	4.9S	5.66
5.6	6.90	S.04	9.4S	6.09	6.96	?.?3	4.61	5.10	5.S0
5.?	?.06	S.??	9.69	6.?4	?.1?	?.90	4.?3	5.?3	5.93
5.8	?.??	S.40	9.S9	6.39	?.?S	S.0?	4.S5	5.35	6.0?
5.9	?.3S	S.5S	10.10	6.53	?.44	S.?5	4.96	5.4S	6.?0
6.0	?.54	S.?6	10.30	6.6S	?.60	S.4?	5.0S	5.60	6.34
6.1	?.?0	S.94	10.51	6.S3	?.?6	S.59	5.?0	5.?3	6.4S
6.?	?.S6	9.1?	10.?1	6.9?	?.9?	S.??	5.31	5.S5	6.61
6.3	S.0?	9.30	10.9?	?.1?	S.0S	S.94	5.43	5.9S	6.?5
6.4	8.18	9.4S	11.1?	?.??	S.?4	9.11	5.55	6.10	6.SS
6.5	S.34	9.66	11.33	?.4?	S.40	9.?9	5.6?	6.?3	?.0?
6.6	8.51	9.S3	11.53	?.56	S.56	9.46	5.?S	6.35	?.16
6.?	S.6?	10.01	11.?4	?.?1	S.??	9.63	5.90	6.4S	?.?9
6.8	S.S3	10.19	11.94	?.S6	S.SS	9.S0	6.0?	6.60	?.43
6.9	S.99	10.3?	1?.15	S.00	9.04	9.9S	6.13	6.?3	?.56
7.0	9.15	10.55	1?.35	S.15	9.?0	10.15	6.?5	6.S5	?.?0

7.1	9.31	10.?3	1?.56	S.30	9.36	10.3?	6.3?	6.9S	?.S4
?.?	9.4?	10.91	1?.?6	S.44	9.5?	10.50	6.4S	?.10	?.9?
?.3	9.63	11.09	1?.9?	S.59	9.6S	10.6?	6.60	?.?3	S.11
?.4	9.?9	11.??	13.1?	S.?4	9.S4	10.S4	6.??	?.35	S.?4
7.5	9.95	11.45	13.38	8.89	10.00	11.02	6.84	7.48	8.38
7.6	10.12	11.62	13.58	9.03	10.16	11.19	6.95	7.60	8.52
7.7	10.28	11.80	13.79	9.18	10.32	11.36	7.07	7.73	8.65
7.8	10.44	11.98	13.99	9.33	10.48	11.53	7.19	7.85	8.79
7.9	10.60	12.16	14.20	9.47	10.64	11.71	7.30	7.98	8.92
8.0	10.76	12.34	14.40	9.62	10.80	11.88	7.42	8.10	9.06

I want morebooks!

Buy your books fast and straightforward online - at one of world's fastest growing online book stores! Environmentally sound due to Print-on-Demand technologies.

Buy your books online at
www.morebooks.shop

Compre os seus livros mais rápido e diretamente na internet, em uma das livrarias on-line com o maior crescimento no mundo! Produção que protege o meio ambiente através das tecnologias de impressão sob demanda.

Compre os seus livros on-line em
www.morebooks.shop

MIX
Papier aus verantwortungsvollen Quellen
Paper from responsible sources
FSC® C105338

Printed by Books on Demand GmbH, Norderstedt / Germany